流れのふしぎ

遊んでわかる流体力学のABC

日本機械学会　編

石綿良三
根本光正　著

ブルーバックス

装幀／芦澤泰偉・児崎雅淑
カバーイラスト／村越昭彦
目次・本文デザイン・本文図版／さくら工芸社

まえがき

空気や水は、身のまわりにありながら、ふだんはあまり意識されていません。しかし、どちらも私たちの生活においてたいへん重要な役割を果たしています。流体力学で扱う「流体」とは、空気や水に代表される気体と液体の総称です。流体の中には目に見えないものも多く、また自由に変形できることから捉えどころがないもの、よくわからないものと思われがちです。

流体力学は難しいものと思うかもしれませんが、まず流体に親しんでもらおうというのが本書のねらいです。流体には一般的な感覚とは違って、「えっ!?」と驚くようなふしぎな現象が起こることがあります。一見すると特異な現象のように見えることも多いのですが、実はきわめて自然の理にかなっているのです。難しい理屈はさて置いて、「流れ」を楽しんだり、そのふしぎさに、まず触れてみてください。その中で、流れのなぞをわかりやすく解き明かしていきたいと思います。

本書を企画したのは「日本機械学会流体工学部門」です。日本機械学会は、機械工学、つまり自然科学（数学や理科）や情報科学（コンピュータ関係）を駆使して、地球・宇宙・人類・生物に役に立つモノを創造していくことを目指す、研究者や技術者の集まりです。機械工学に関連した学問と技術を研究し、発展、普及させるために、世界最先端の研究から一般市民や小中学生を対象とした企画まで、幅広い活動を行っています。活動の一環として、日本機械学会の「流体工学部門」のもとに次のメンバーで「流れのふしぎ編集委員会」を組織し、本書の企画、編集を進め、執筆には石綿と根本があたりました。

主査　石綿良三（神奈川工科大学）
幹事　根本光正（神奈川工科大学）
委員　松本洋一郎（東京大学）、辻　裕（大阪大学）、
　　　速水　洋（九州大学）、辻本良信（大阪大学）

本書は一般向けでありながら、大学で習う流体力学の基礎的な事項をほぼ網羅しています。大学の講義では、どちらかというと学生は式を解いて定量的に答えを出すことに専念しがちで、本来の現象の理解が弱くなる場合があります。将来、技術者になり製品を設計するときには、もちろん定量的な計算は欠かせません。しかし、流れという現象の本質を捉え、その意味を理解することはそれ以上に重要なことです。そこで本書では数式を使わずに、簡単にできる遊びを題材に現象を理解してもらうことを主眼としました。小学生でも楽しめる本になっていますが、同時に

まえがき

大学で流体力学を学ぶ学生のための副読本にもなり得るものです。広く一般の方々にも、流体力学とはどのようなものなのかを知っていただけるきっかけとなれば幸いです。

本書で取り上げた遊びは編者らが独自に考案したものもありますが、過去にさまざまな方々が考案され、伝えられてきたものも多くあります。発案者が不明なものについてはお名前を記すことができませんが、その方々に心から敬意を表することでお許しいただきたいと思います。また、多くの方々、諸機関からアイデアや題材の提供や助言をいただきました。日本機械学会からは本書の制作と関連した工作教室等の実施に対して、二〇〇二年度と二〇〇三年度の「機械工学振興事業資金」の助成を受けました。講談社ブルーバックス出版部の堀越俊一さんと志賀恭子さんには、本書の企画段階から制作に至るまで多くの貴重な助言をいただきました。これらの多くの方々の支援を受け、ここに深く感謝申し上げます。

それでは、流れのふしぎな世界を楽しんでください。

二〇〇四年八月

石綿良三

流れのふしぎ

もくじ

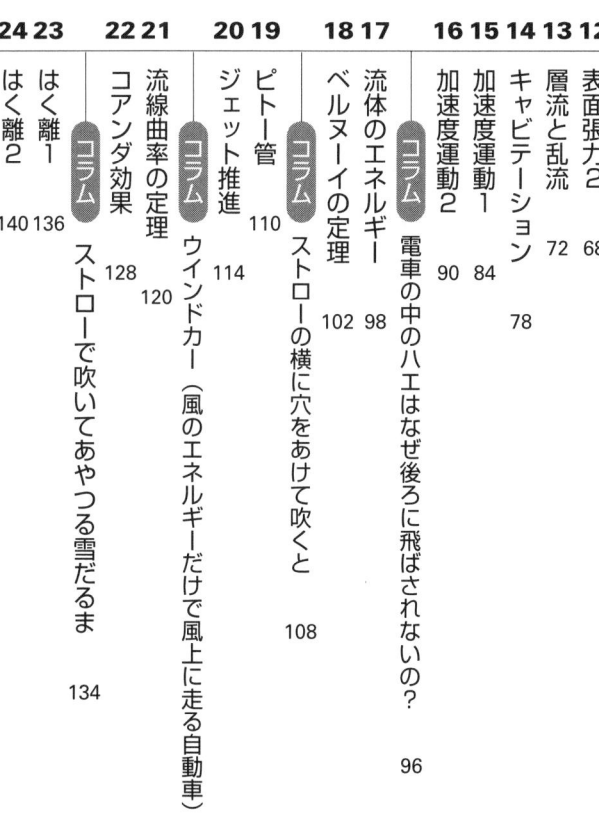

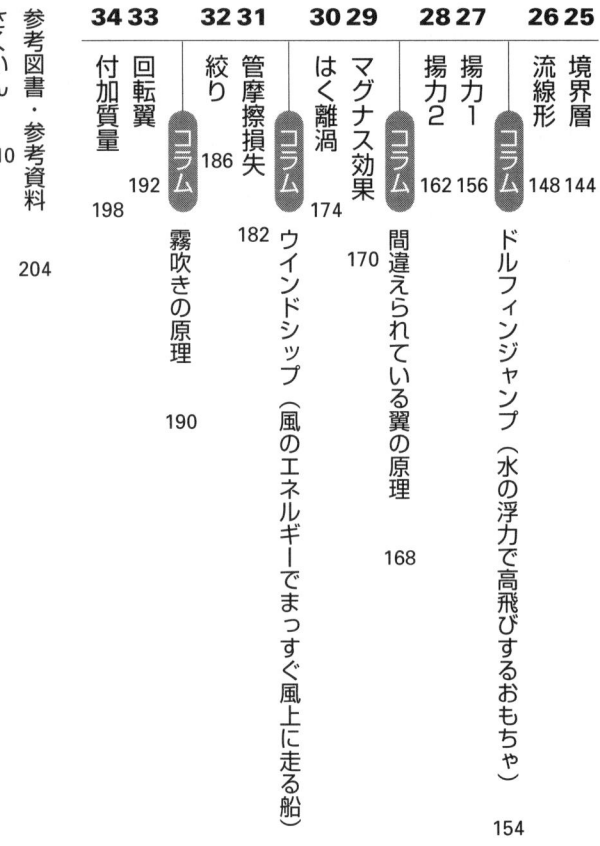

本書の構成

本書は、各項目ごとに、以下の3つの内容から構成されています。

やってみよう

ここでは、身のまわりにあるものを使ってできる、簡単な遊び・実験を紹介しています。まずは「流れ」に親しんでみてください。

どう役立つ？

「やってみよう」と同様の原理が、どのように応用されているのか、実例で解説します。工学の先端技術に使われている例はもちろんのこと、生物の体のしくみなども取り上げます。

タネあかし

「やってみよう」や「どう役立つ？」の背景にある、流体の性質・流体力学の基本原理をわかりやすく解説します。

1 流体とは

液体と気体をあわせて流体といいます。固体と違って、自由に形を変えられるのが特徴です。

やってみよう

1

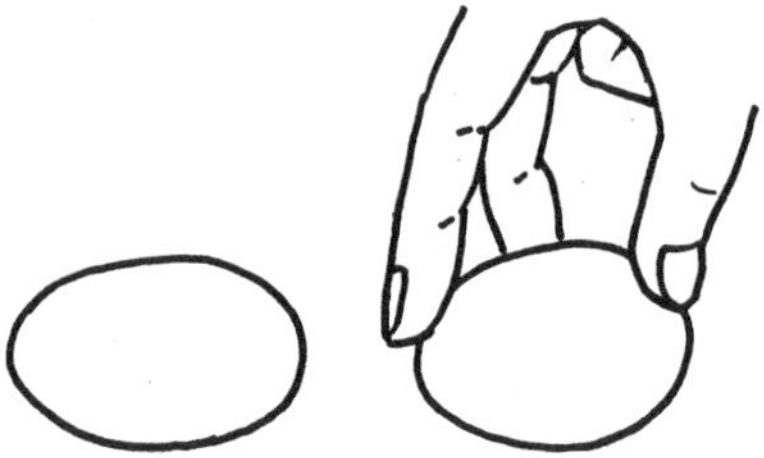

なまたまご？　　ゆでたまご？

なまたまごとゆでたまごの区別ができますか。2つをテーブルの上に置いて回転させてみましょう。

2

回りにくいのが
なまたまご

簡単に回るのが
ゆでたまご

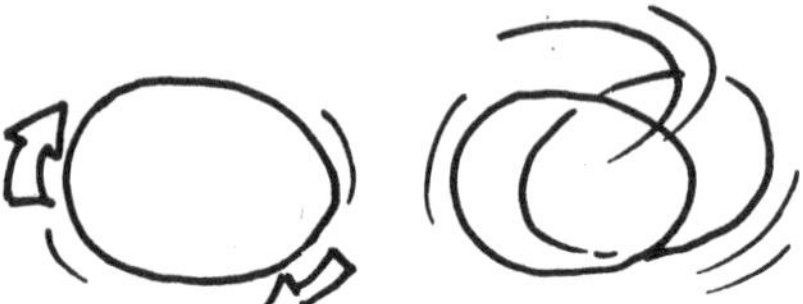

簡単にくるくる回る方がゆでたまごです。なまたまごの方はうまく回転しません。

3

回転しているたまご

次に、手で勢いをつけて、たまごを連続回転させてみましょう。

4

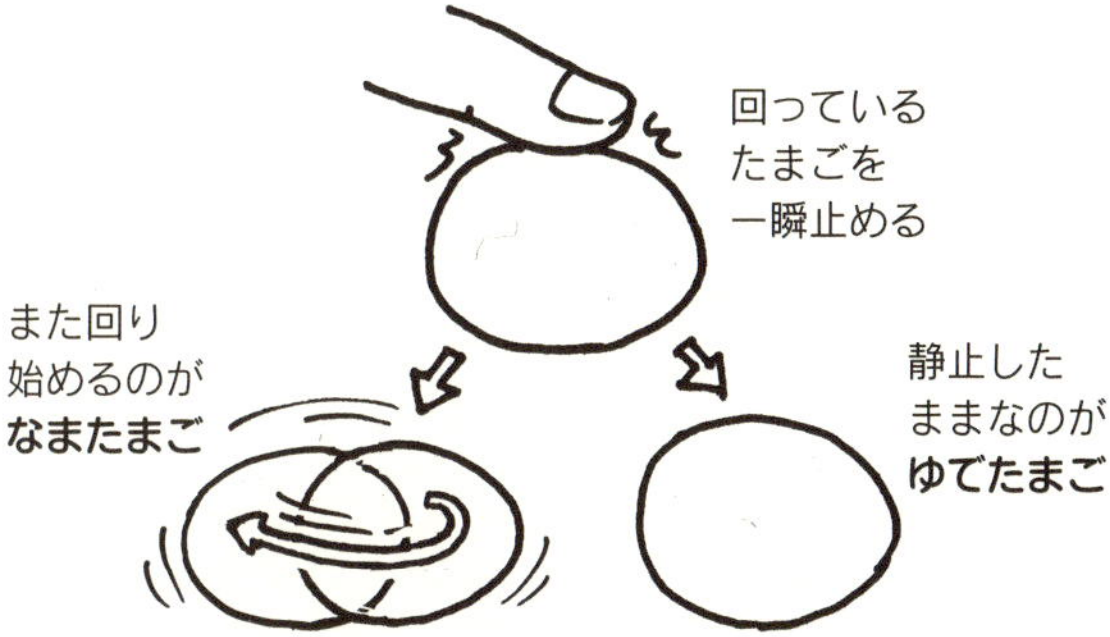

指で急に止めて、すぐに指を離してください。ゆでたまごは静止しますが、なまたまごは再び回転を始めます。

どう役立つ？

高層ビルの上層階に設置された水槽内の水は、
建物の風揺れを打ち消す方向に動く

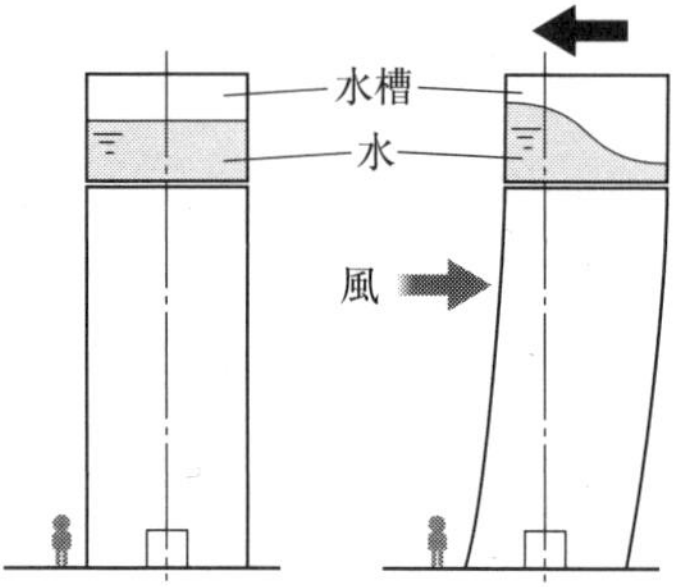

水槽を利用したビルの制振

超高層ビルやタワーでは、風や地震による揺れが問題になります。快適で安全な状態を保つため、高層の建物には振動を抑えるいろいろなくふうがされています。

その一つとして、図のようにビルに水槽を設置するという方法があります。これは、水が自由に形を変えられるという性質を利用したものです。

固体だけのビルは、全体が同時に振動してしまいます。「やってみよう」でゆでたまごを回したときにすぐに回転したのと同じです。

しかし、水槽が風や地震で振動したとき、中の水は水槽よりも遅れて振動します。「やってみよう」でなまたまごがすぐに回転しなかったのと同じです。水は変形してその場に残ろうとしますので、ビルの振動を打ち消すように作用します。このように振動を抑える技術を制振といいます。

タネあかし

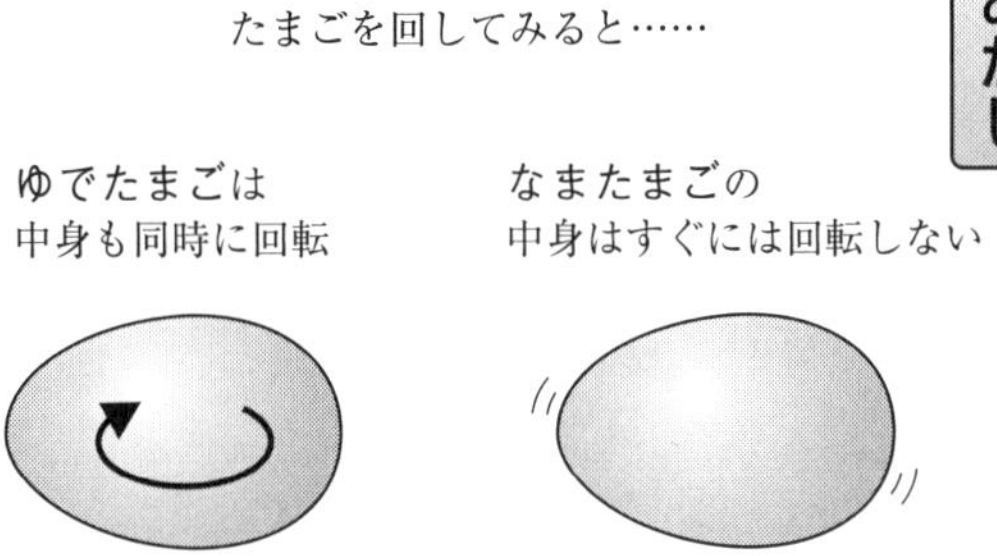
たまごを回してみると……
ゆでたまごは
中身も同時に回転
なまたまごの
中身はすぐには回転しない

固体と液体の違い

液体と気体をあわせて**流体**といいます。たとえば、私たちの身のまわりにある空気や水、油などが流体です。固体といちばん違うことは、「自由に形を変えられる」ということです。**流れ**とはこのような流体が運動している状態をいいます。

「やってみよう」で出てきたなまたまごとゆでたまごの違いは、中身が液体であるか、固体であるかです。固体（ゆでたまご）はほとんど変形できないので、外の殻を回すといっしょに中身も回転します。液体（なまたまご）は変形できるので、外側を回しても中身はすぐには回転しないわけです（慣性の法則）。逆に、いったん回転を始めると液体（なまたまご）は外側を瞬間的に止めても中では回転を続け、「やってみよう」の動きとなるのです。

「どう役立つ？」で説明したビルの制振でも、流体が変形できるという性質をうまく利用しています。

2 粘性

流体は自由に形を変えることができますが、速く変形させようとすると大きな力が必要になります。このような性質を粘性といいます。

やってみよう

1

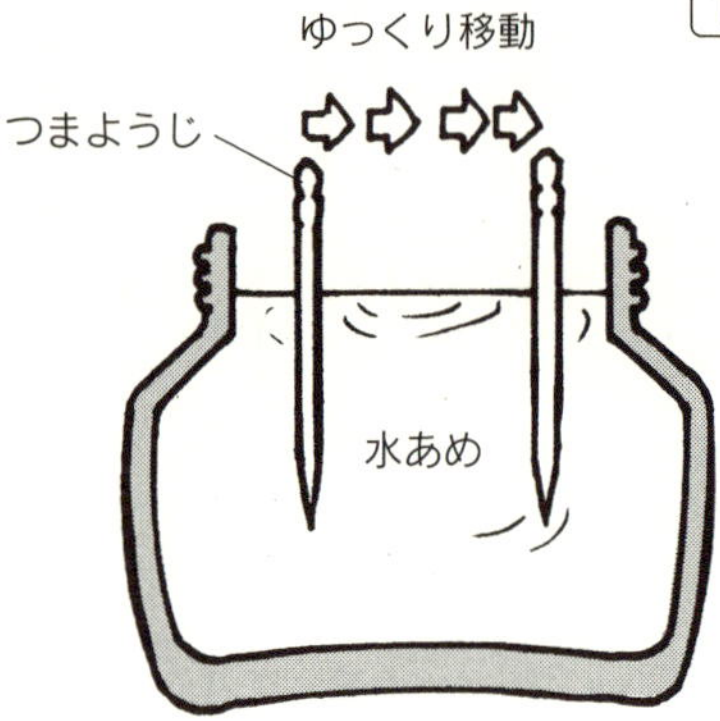

水あめ（なければ冷蔵庫で冷やしたはちみつ）の中につまようじを立てて、ゆっくりと横に動かしてみます。

2

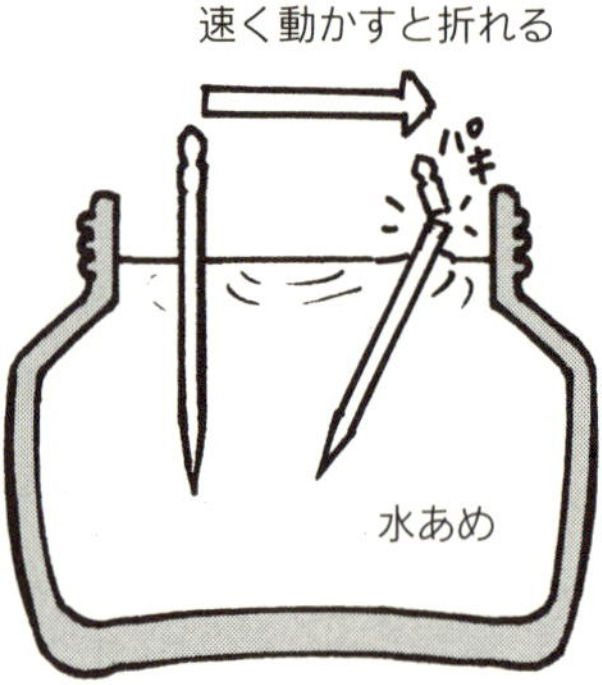

次に、つまようじを速く動かしてみましょう。つまようじは折れてしまいます。

3

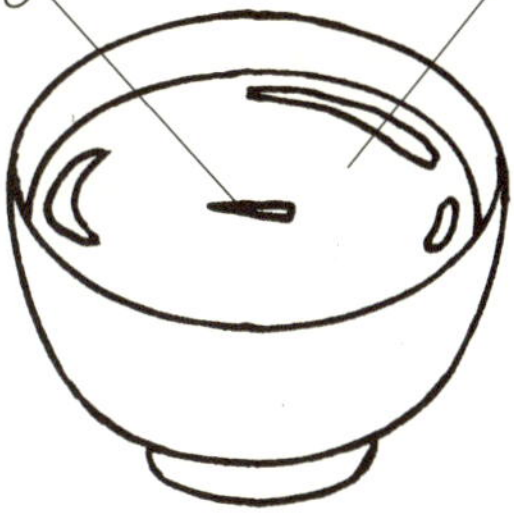
つまようじ
サラダ油

2つめの遊びです。湯飲み茶わんにサラダ油を入れます。つまようじを2cmくらいの長さに折って、浮かべます。

4

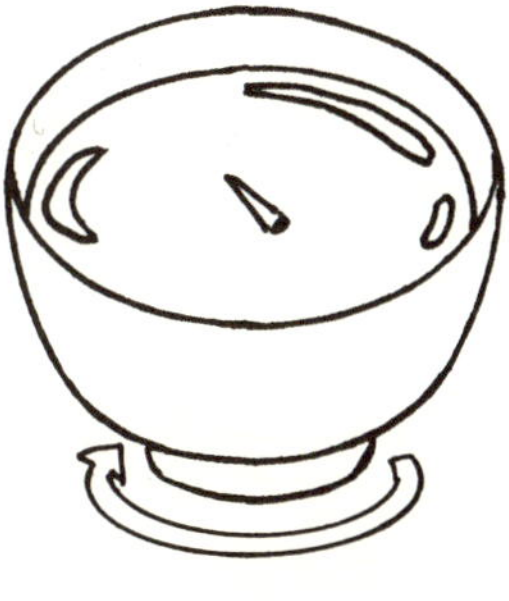
ゆっくり回すとつまようじも回る

つまようじが湯飲み茶わんの壁に触れないように注意しながら湯飲み茶わんを回すと、中のつまようじもいっしょに回ります。

5

つまようじはうまく回らない

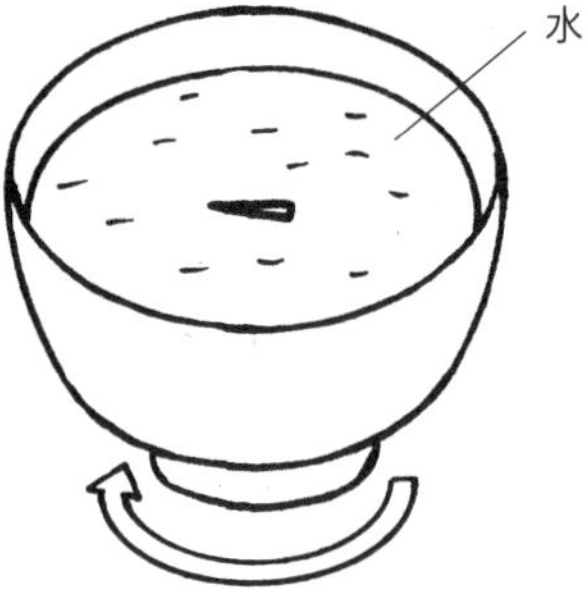

同じことを水でやってみると、湯飲み茶わんを回しても、つまようじはうまく回りません。うまく回す方法はあるでしょうか。

6

水を少なくするとつまようじも回る

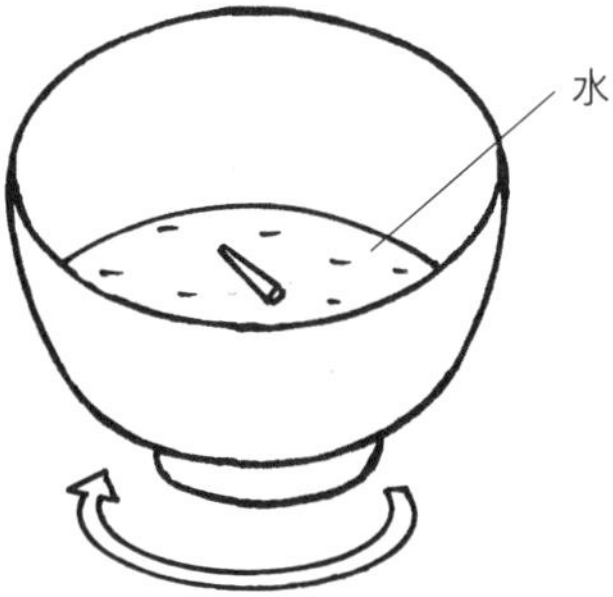

つまようじが底につかない程度に、できるだけ水を少なくします。湯飲み茶わんをゆっくり回すと、つまようじも回ります。

どう役立つ？

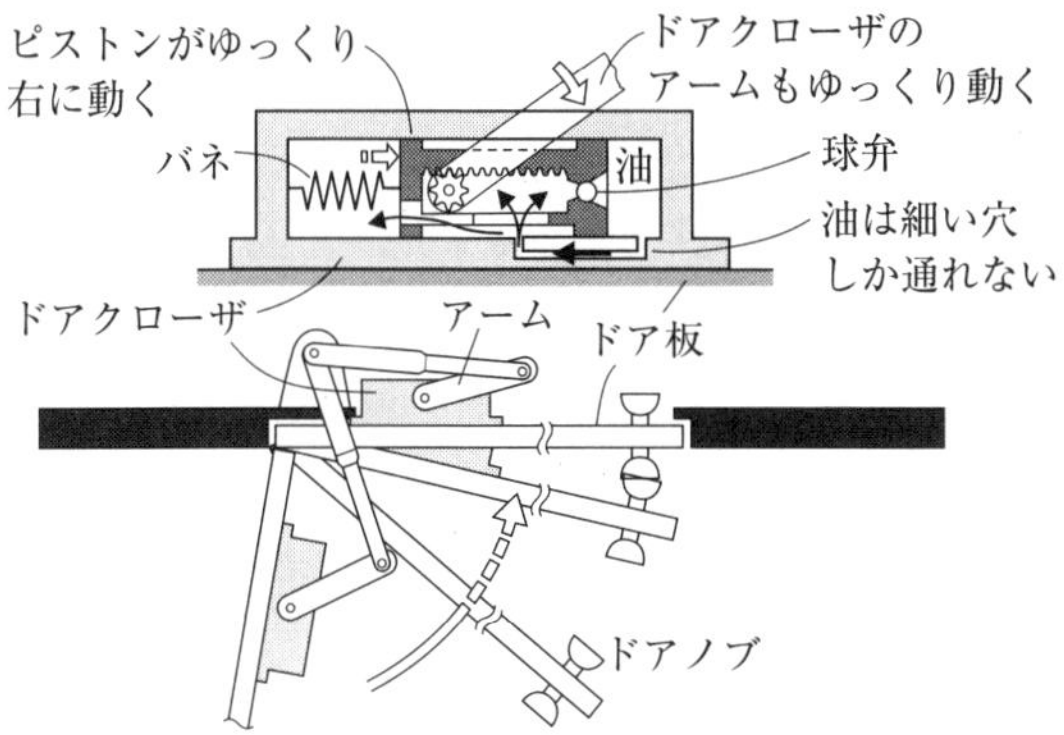

ドアクローザ

ドアをゆっくり閉めるために、ドアクローザというものがあります。ドアの上の方についているもので、見たことがあると思います。

ドアを速く閉めようとすると、非常に大きな力を必要とします。しかし、ゆっくり閉める場合には、大きな力を必要としません。

このしくみは、流体の粘性という性質を利用しています。流体は速く変形させるときほど大きな力を必要とするのです。ドアクローザの中には、図のようにピストン（濃いグレーの部分）があり、中に油が入っています。ドアを閉めるとピストンが右へ動き、中の油が細い穴を通過して左に移動します。ドアを速く閉めようとすると、穴を通過するときに油は速く変形しなければならず、大きな抵抗となります。そのため、ドアはゆっくりと閉まります。これは一つめの「やってみよう」と同じ原理なのです。

タネあかし

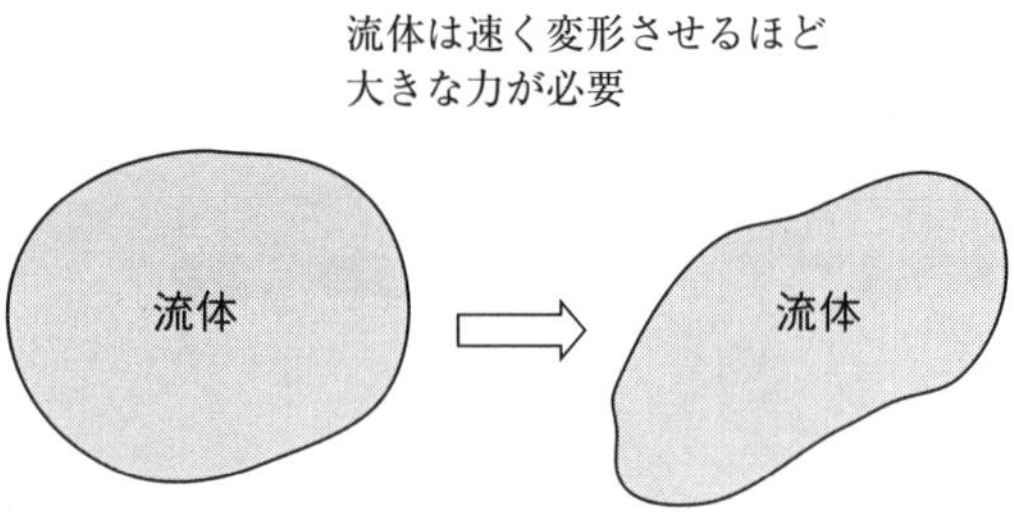
流体は速く変形させるほど
大きな力が必要
流体
流体

流体の粘性

流体は自由に形を変えられますが、速く変形させようとすると、大きな力が必要になります。逆に、ゆっくり変形させるときにはわずかな力で十分です。このように、変形の速さに応じて必要な力が変わる性質を**粘性**といいます。「どう役立つ？」のドアクローザはこの性質を利用しています。空気抵抗や水の抵抗なども粘性によるものです。また、物体の表面に沿う流れでは、物体と流体との間に**粘性摩擦**という摩擦力がはたらきます。粘性は、流体を特徴づけるたいへん重要な性質です。

一つめの「やってみよう」では、つまようじを動かすと水あめが変形します。速く変形させると加える力が大きくなり、つまようじが折れました。

粘性の現れ方は流体の種類によって大きく変わります。「粘」という字はねばりを意味し、ねばねば、どろどろしている流体ほど粘性が強いといえます。

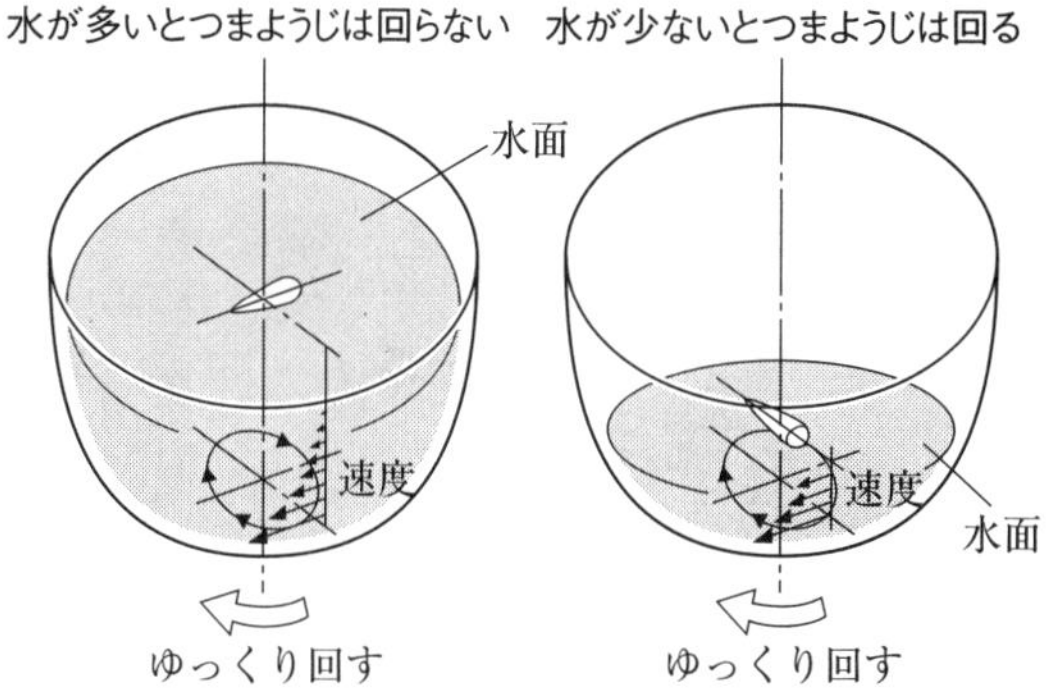
水が多いとつまようじは回らない
水が少ないとつまようじは回る
水面
速度
速度
水面
ゆっくり回す
ゆっくり回す

底に近いところほど粘性の影響は強い

しかし、ねばねばを感じさせない水や空気にも粘性はあります。特殊な例外を除けば、ほぼすべての流体は粘性を持っています。

二つめの「やってみよう」は、サラダ油と水の粘性の違いによります。サラダ油は水に比べて粘りが強く（粘度が大きく）変形しにくいので、湯飲み茶わんといっしょに運動し、つまようじも回りました。一方、水は粘性が弱く（粘度が小さく）変形しやすいので、つまようじは回りにくかったのです。

最後の「やってみよう」を考えてみましょう。流体は固体の表面に接するところでは粘性摩擦がはたらくので、茶わんの底付近では粘性の影響が強く、水は茶わんといっしょに回転します。つまり、水を少なくするとつまようじも回ります。一方、水位が高い場合には、水面と底との間で水が変形し、底が回転しても水面付近はほとんど回転しません。

3 圧縮性

流体をまわりから押すと、体積が小さくなります。この性質を圧縮性といいます。圧縮性を利用して遊んでみましょう。

やってみよう

1

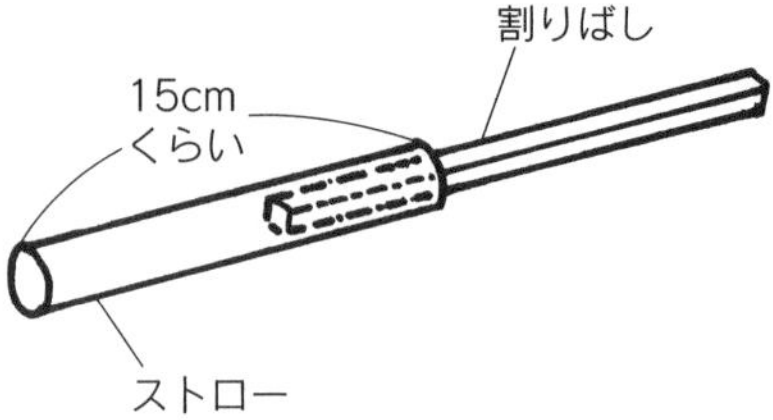

割りばしとストローで紙玉鉄砲を作ります。まず、ストローに入るように割りばしを細くけずります。

2

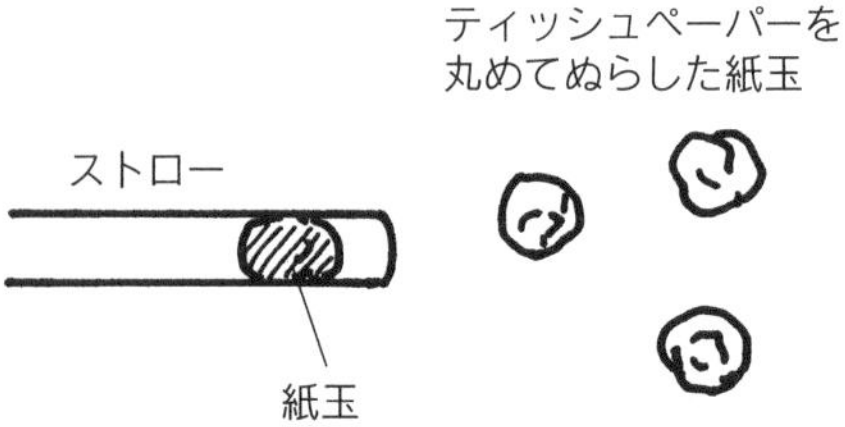

次に、ティッシュペーパーを小さく切って丸め、水でぬらします。ストローに入れたときに少しきついくらいの大きさにしましょう。

3

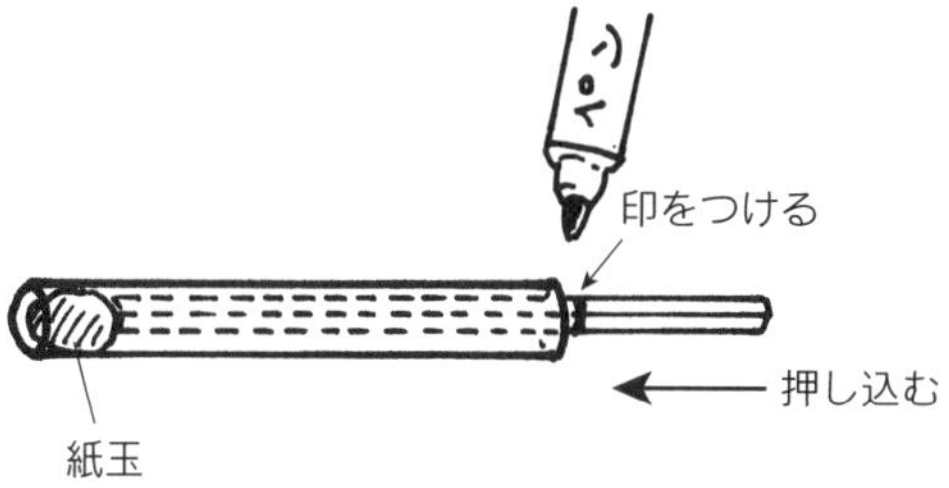

紙玉を1つストローに入れて、割りばしでストローの反対側の端まで押します。ここで割りばしに印をつけておきます。

4

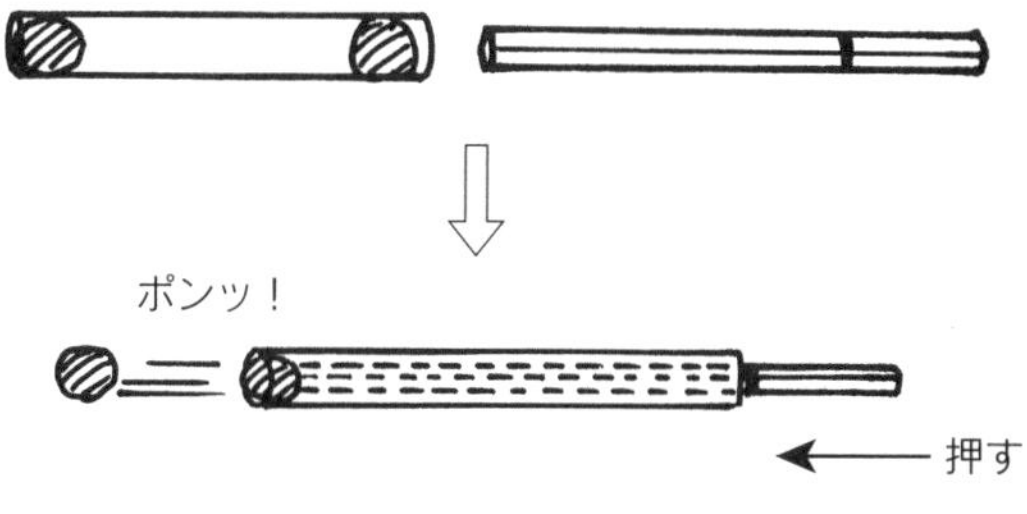

2つめの紙玉を入れて、割りばしを印のところまですばやく押すと、1つめの紙玉が飛び出します（紙玉はきつめの方がよい）。

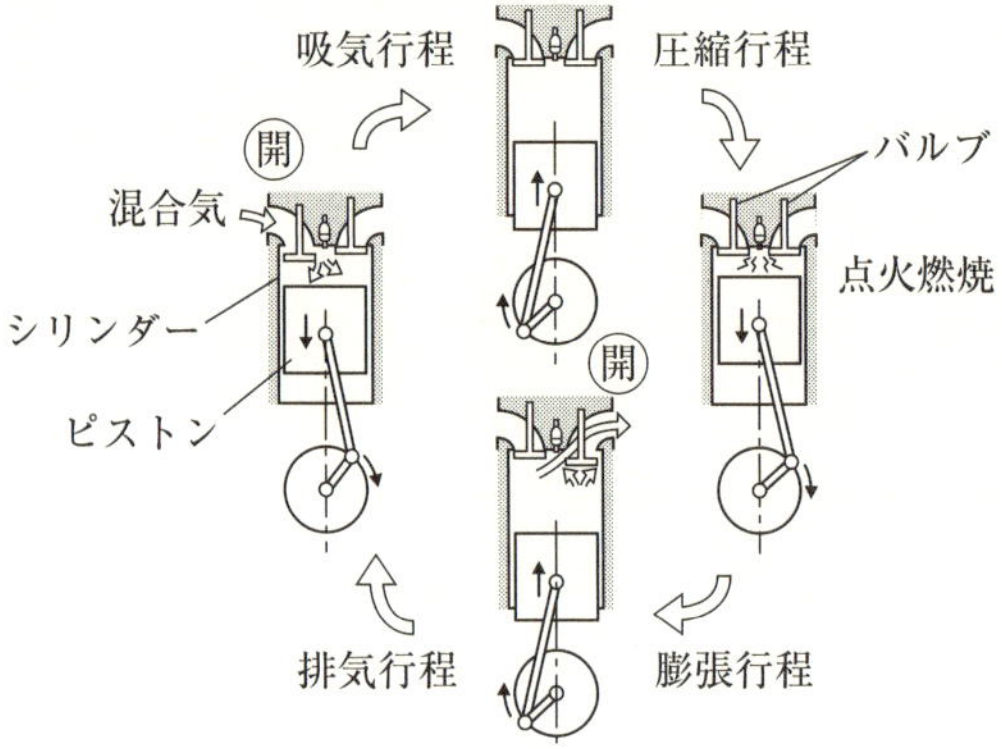

ガソリンエンジン

ガソリンエンジンでは、シリンダー内のガソリンと空気の混合気をピストンで押し、圧縮（体積が減少）しています。これは、気体はまわりから押すことで体積が小さくなる、という性質を利用したものです。

ガソリンと空気の混合気を圧縮することによって圧力と温度を高めると、エネルギーを効率よく取り出せるようになります。自動車エンジンなどでは、複数のシリンダーとピストンがあり（たとえば、六組あれば六気筒という）、あるシリンダー内での燃焼・膨張のエネルギーを利用して別のピストンを押すことにより、混合気を圧縮しています。

一方、「やってみよう」の紙玉鉄砲では人がピストン（紙玉）を押します。どちらも気体を圧縮させることで圧力を高め、その圧力を利用している点は共通しています。

タネあかし

ピストンを押し込むと
圧力と温度が上昇する

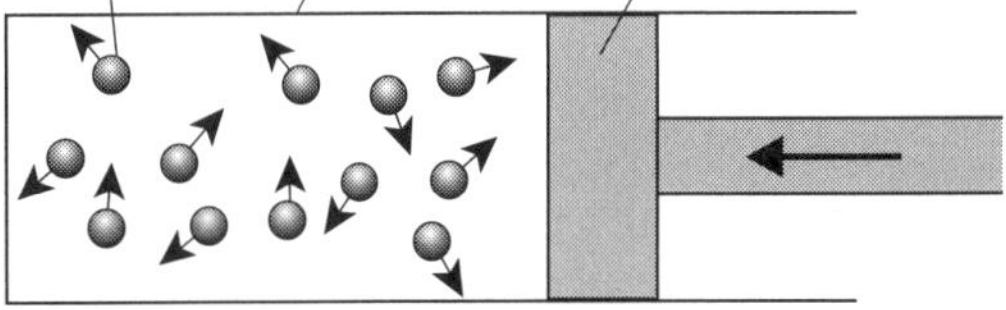

気体の圧縮性

まわりから流体を押す力を、押している面積で割った値を**圧力**といいます。

（圧力）＝（押す力）÷（流体を押す面積）

圧力を加えると縮む（体積が小さくなる）性質を**圧縮性**といいます。

気体を押すと、圧縮されて体積が小さくなります。気体の分子は自由に飛びかいながら、お互いにぶつかり合ったり、壁に衝突したりしています。圧縮によって体積が小さくなると、分子どうしの衝突や壁との衝突の回数が増えます。そのため、分子どうしの押し合う力が大きくなり、これが圧力と温度を上昇させるのです。

ガソリンエンジンでは混合気を圧縮し、圧力と温度を上昇させています。

「やってみよう」の紙玉鉄砲では、空気を圧縮して圧力を高め、一つめの紙玉を飛ばしたのです。

4 空気の質量

ふだんの生活で、空気に重さがあるとは感じないでしょう。しかし、空気にも質量があり、重さがあるのです。それを確かめてみましょう。

やってみよう

1

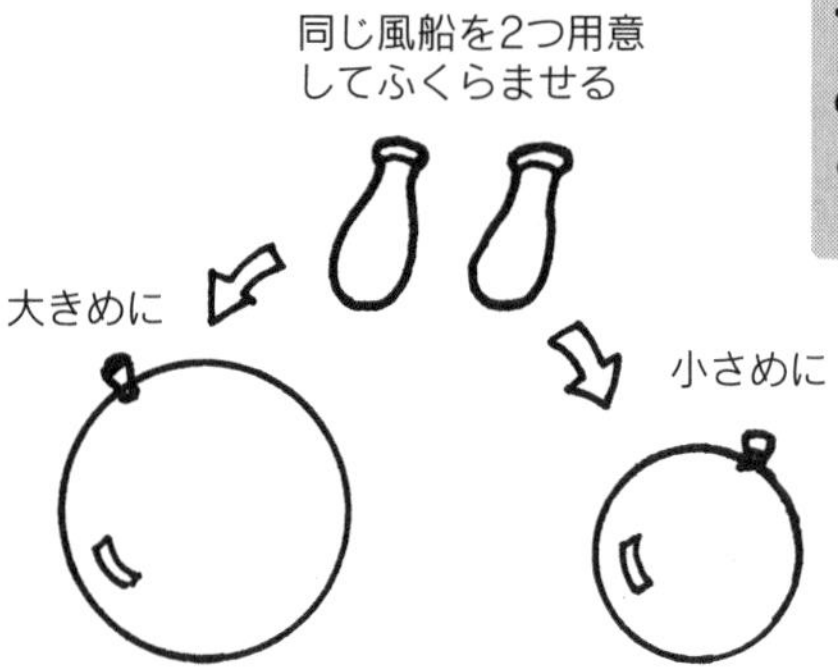
同じ風船を2つ用意
してふくらませる
大きめに
小さめに

まったく同じ風船を2つ用意します。1つは大きく、もう1つは小さめにふくらませます。

2

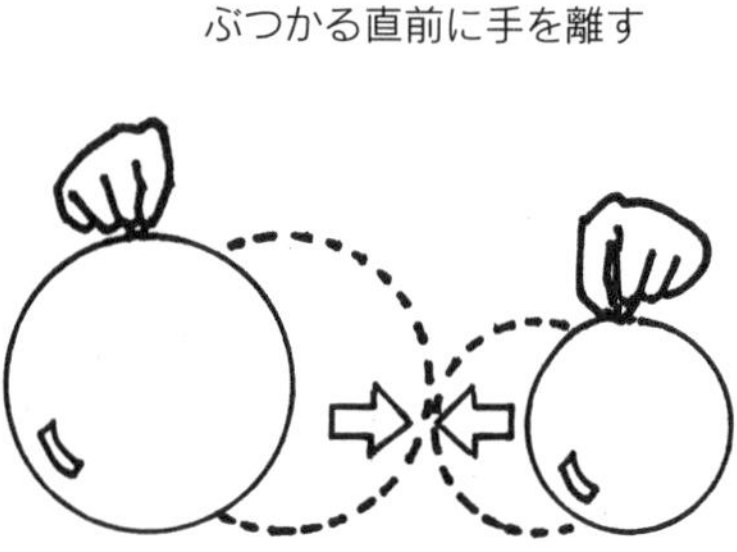
ぶつかる直前に手を離す

2つの風船をぶつけてみましょう。

3

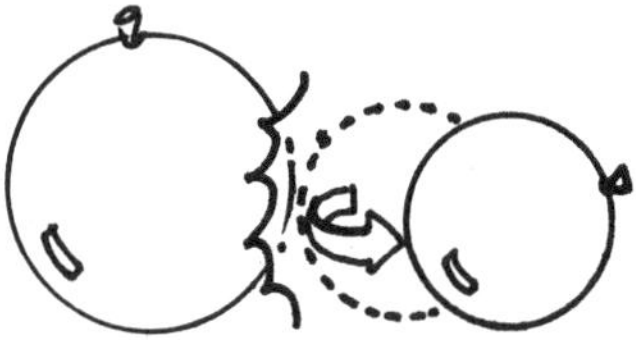
小さい方の風船が飛ばされる

ぶつかった後、小さい風船がはじき飛ばされることがわかります。

4

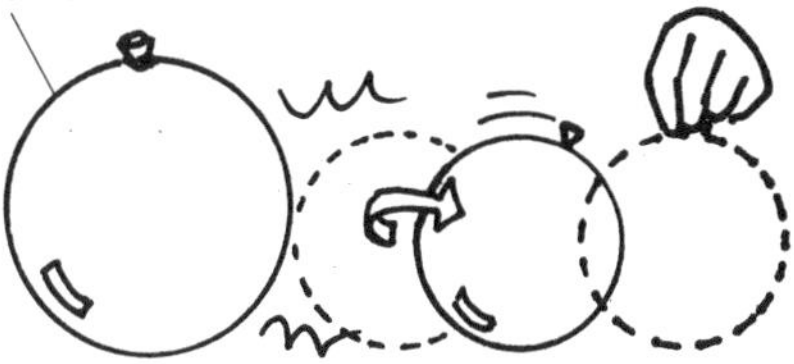
片方を置いておく
大きめの風船を使って、大小の差をつけるとわかりやすい

片方の風船を置いて、もう片方をぶつけても同様です。小さい風船の方がより飛ばされます。

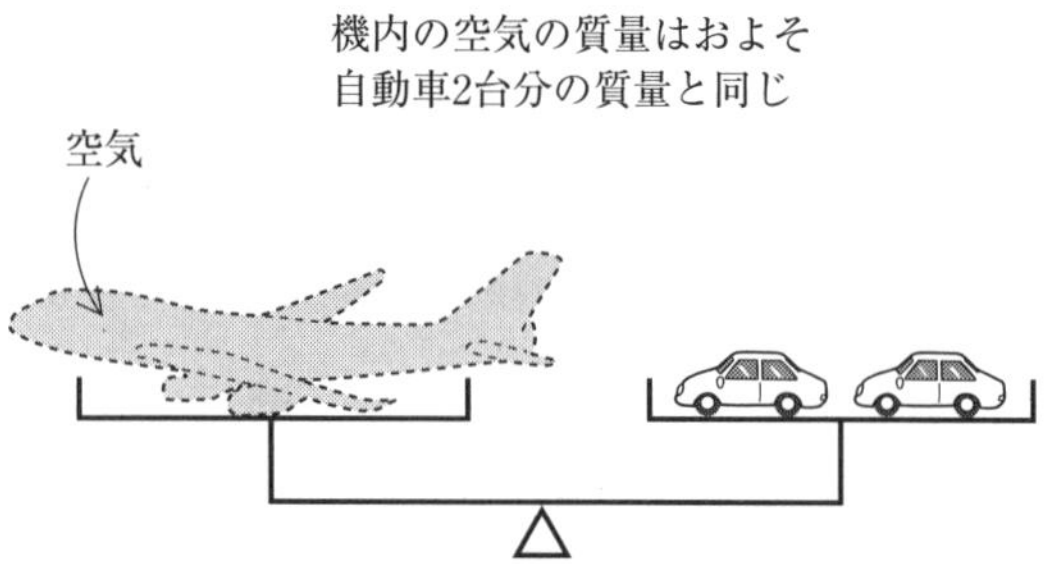
機内の空気の質量はおよそ
自動車2台分の質量と同じ
空気

ジャンボジェット機内の空気の質量

「やってみよう」には空気の質量が関係しています。たとえば、ジャンボジェット機では、機体内部の空気の質量は、概算でおよそ二トン以上になります。これは、乗用車二台分くらいの質量です。ただし、この空気の質量分の重力は、(まわりの空気の密度が機内と同じと考えれば)まわりの空気から受ける浮力とつり合い、重さ(下向きの力)としてはほとんどかかりません。

しかし、空気の質量に意味がないわけではありません。機体を加速、減速させるときには、質量と加速度をかけた大きさの力(慣性力=質量×加速度)が必要になり、質量には空気の質量が上乗せされるので、その分大きな力が必要となります。

後で述べますように、一般に気体の流れを考えるときにも気体の質量が影響します。ですから、流体力学では気体の質量が重要なのです。

タネあかし

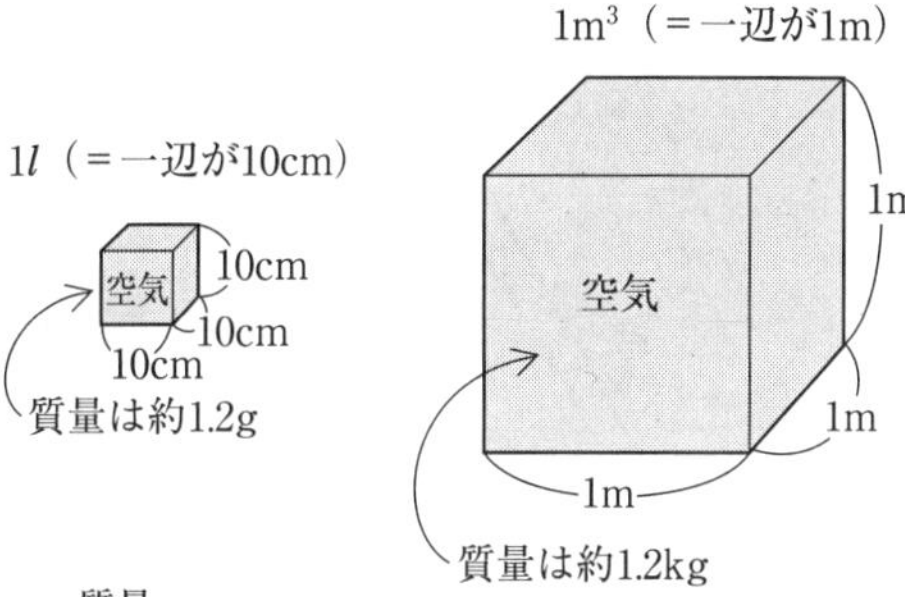

$$密度 = \frac{質量}{体積} = 約1.2\ (kg/m^3)$$

空気の質量

空気の質量を意識することはあまりありませんが、空気も物質ですから質量があります。気温、気圧、湿度によって変化しますが、一リットルの空気の質量は約一・二グラムです。一立方メートルでは約一・二キログラムと意外に大きく、無視できない質量なのです。

「やってみよう」は一種の衝突運動で、「運動量保存則」が成り立ち、二つの風船の運動量（＝質量×速度）の合計は一定になります。風船間で運動量の受け渡しがあると、小さい風船では質量（空気を含める）が小さい分だけ速度が大きくなります。だから小さい風船の方がよくはじき飛ばされたのです。

一般に、風から受ける空気抵抗や、飛行機の翼にはたらく揚力（上向きの力）は、空気の密度（＝質量÷体積）に比例します。そのため、流体力学において空気（気体）の質量は無視できません。

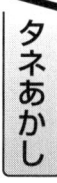

5 物体まわりの流れ

物体のまわりの流れを見ることはなかなかできませんが、どのようになっているのか調べてみましょう。

やってみよう

1

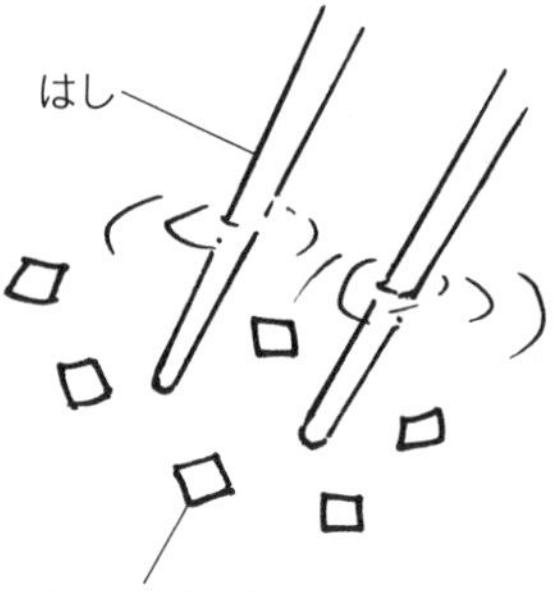

新聞紙を1mm角くらいの大きさに細かく切ります。これを水の中に入れてかき混ぜてください。

2

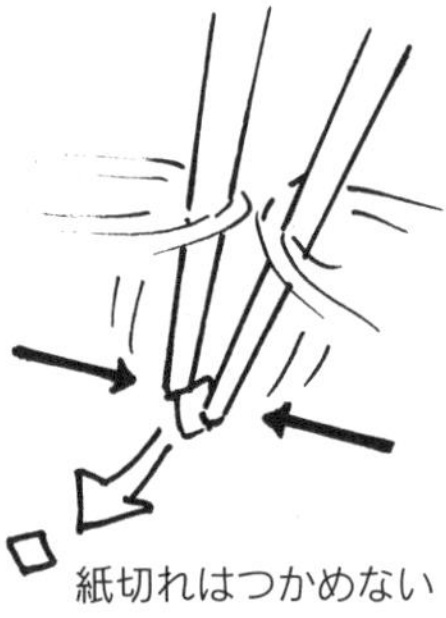

水中の紙切れをはしでつかんでみましょう。紙切れは逃げてしまい、なかなかうまくつかめません。

3

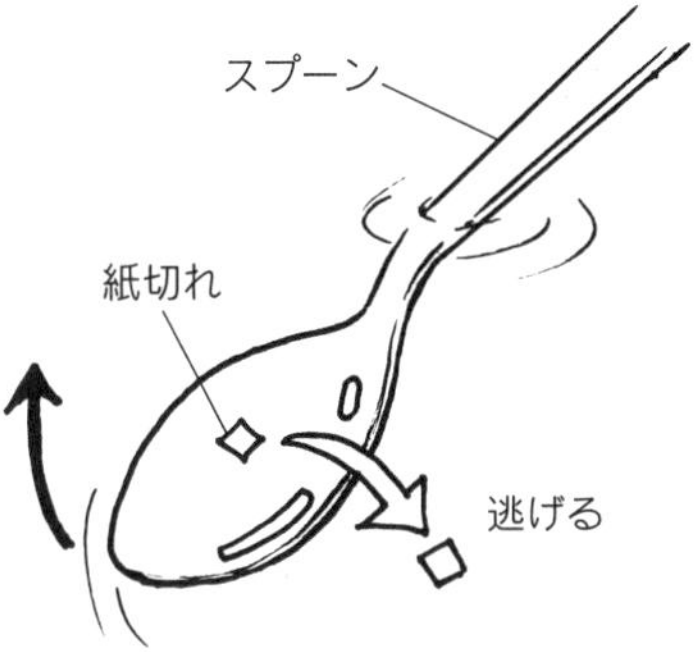

では、スプーンですくってみてください。はしよりは簡単ですが、うっかりすると、途中でスプーンから逃げてしまいます。

4

次に、スプーンの背ですくってみてください。これはたいへん難しいです。なかなか思うようにいきません。

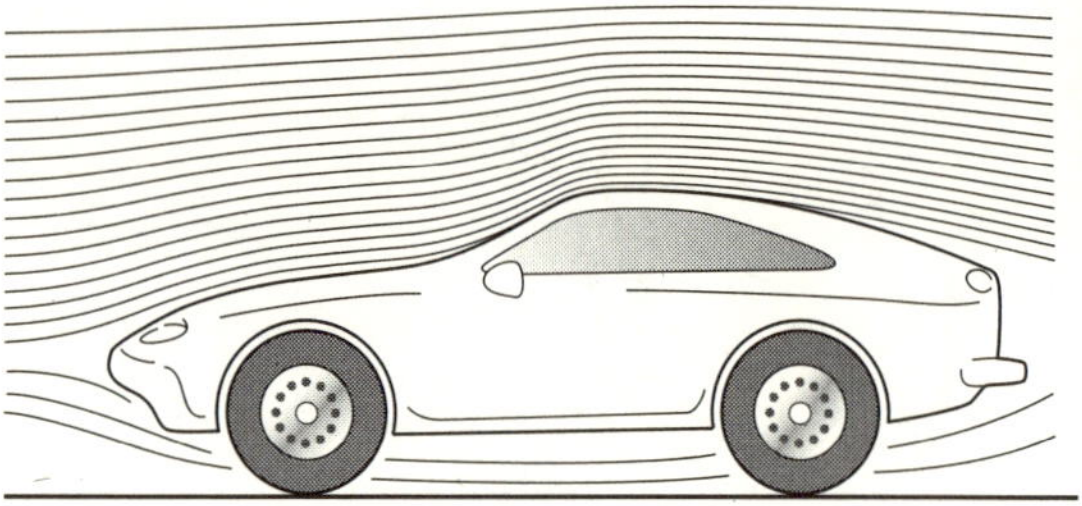

自動車のまわりの流れ

自動車のボディの設計では、ちりやほこり、雨などが付きにくくなるようにくふうしています。ちりやほこりが付着すると汚れとなりますし、ウインドガラスに雨がつくと視界が悪くなります。

図では、静止した自動車のまわりに気流を流し、煙を入れて流れ(この線を**流線**という)を見ています。空気はボディをよけて流れています。非常に小さければ、雨やほこりは流れにのって移動し、自動車に付着することはありません。「やってみよう」で小さな紙切れをつかめなかったのも同じで、はしのまわりの水がはしをよけて移動したからです。

しかし、雨やちりが少し大きくなると、自動車のボディにあたるようになります。これは、急激に流れの向きが変わったり、低速で流れているところでは、粒子が流れにのりきれないからです。設計では、このような空気の流れを防ぐようにしています。

タネあかし

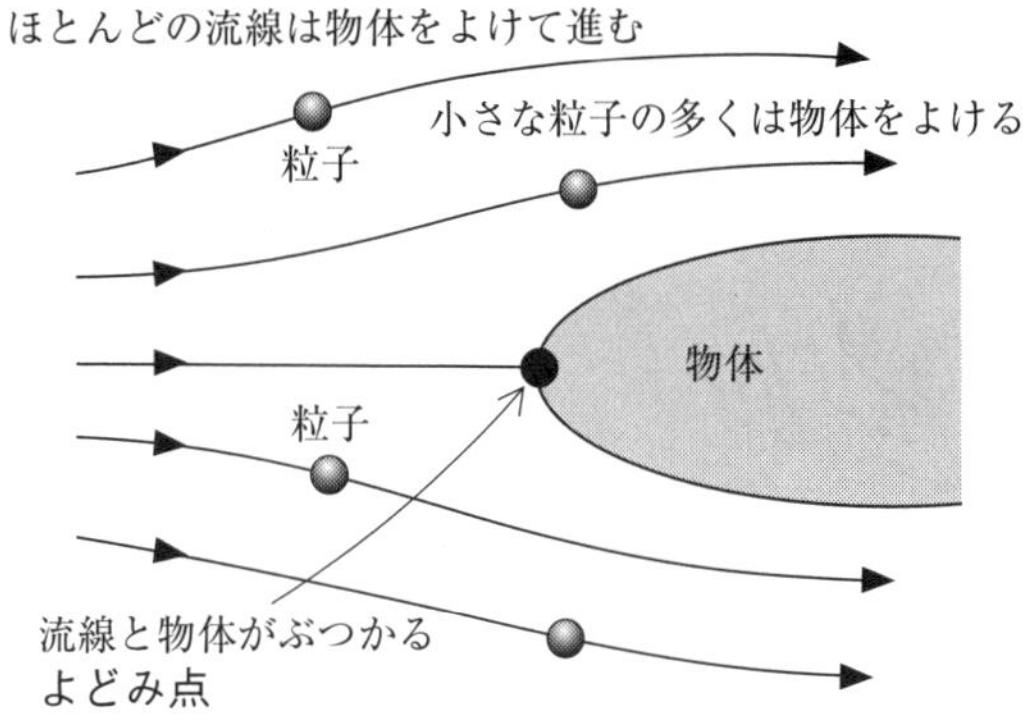

物体の上流側の流れ

ふつう、物体の近くの流線は一本だけが物体にあたり、そのまわりの流線は物体にあたらずに、その近くを物体に沿うように流れていきます。

流れの中に小さな固体の粒子が含まれている場合、粒子はこの流れにのって運動をします。したがって、多くの小さな粒子は、物体をよけるように流れていくことになります。ただし、大きな粒子や重い（密度の大きな）粒子の場合には、流れからそれて運動します。

「やってみよう」で水に入れた小さな紙をつかみにくかったのは、はしやスプーンを動かすときにまわりの水が流れ、いっしょに紙も移動してしまったからです。流れにのった紙は多くの場合、はしやスプーンと接触することはなく、つかみにくくなります。重い（密度の大きな）、大きな物体ほど流れにのれず、つかみやすくなります。

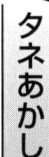

6 圧力

小さな圧力でも、作用する面の面積を大きくすると、非常に大きな力にすることができます。

やってみよう

1

大きめの
ビニール袋

大きなビニール袋をいすの上に置き、人にすわってもらいます。

2

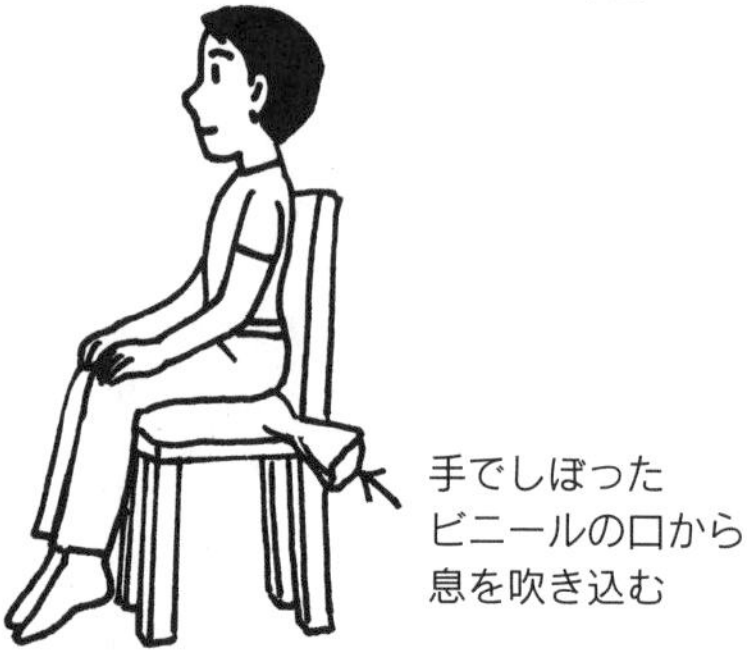
手でしぼった
ビニールの口から
息を吹き込む

ビニール袋に息を吹き込んでいくと、すわっている人を持ち上げることができます。小さな圧力でも大きな力になります。

どう役立つ?

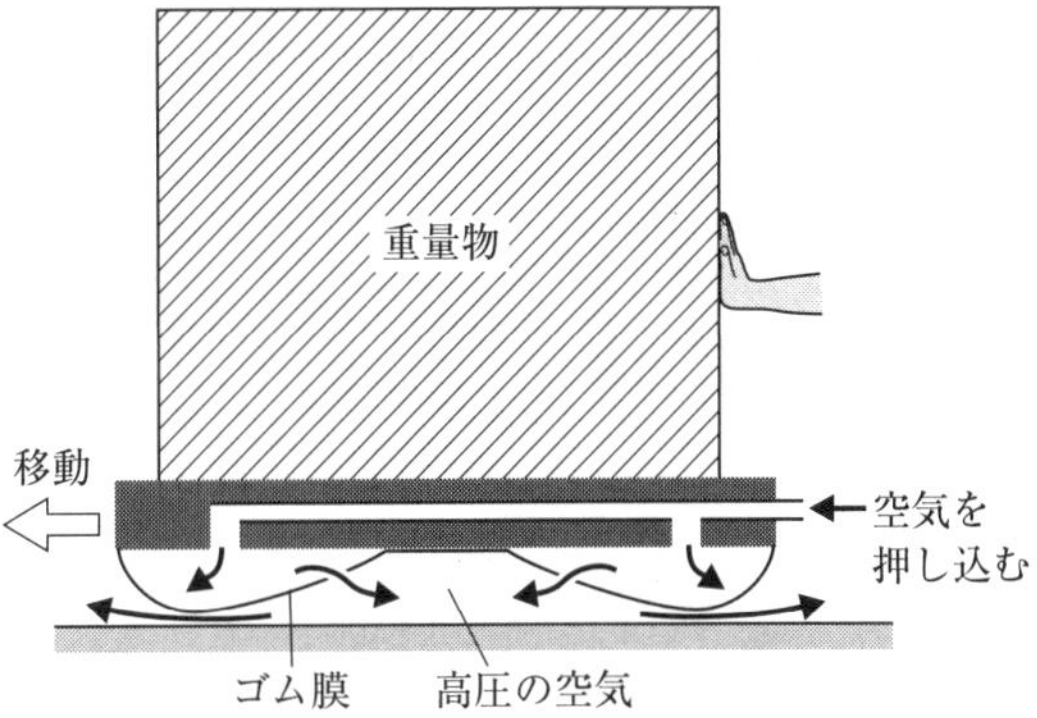

空気圧を利用した搬送機

空気圧を利用した、重量物を運ぶための搬送機には、「やってみよう」と同じ原理が使われています。これは送風機で空気を中に押し込んで内部の圧力を高め、その圧力で重量物を支えるものです。はたらく力の大きさは面積に比例して大きくなるという性質がありますので、中の圧力はそれほど高くなくても、搬送機を大きくしておけばその分だけ大きな力を発生させることができます。

実際に使われている搬送機では、三六トン（三万六〇〇〇キログラム）もの重量物を運搬できるものもあります。このような搬送機は構造が簡単で薄いので、狭いところで重量物を運ぶ場合などに適しています。

「やってみよう」でも同じで、人の息は小さな圧力ですが、大きなビニール袋を使うことで人を持ち上げることができました。

タネあかし

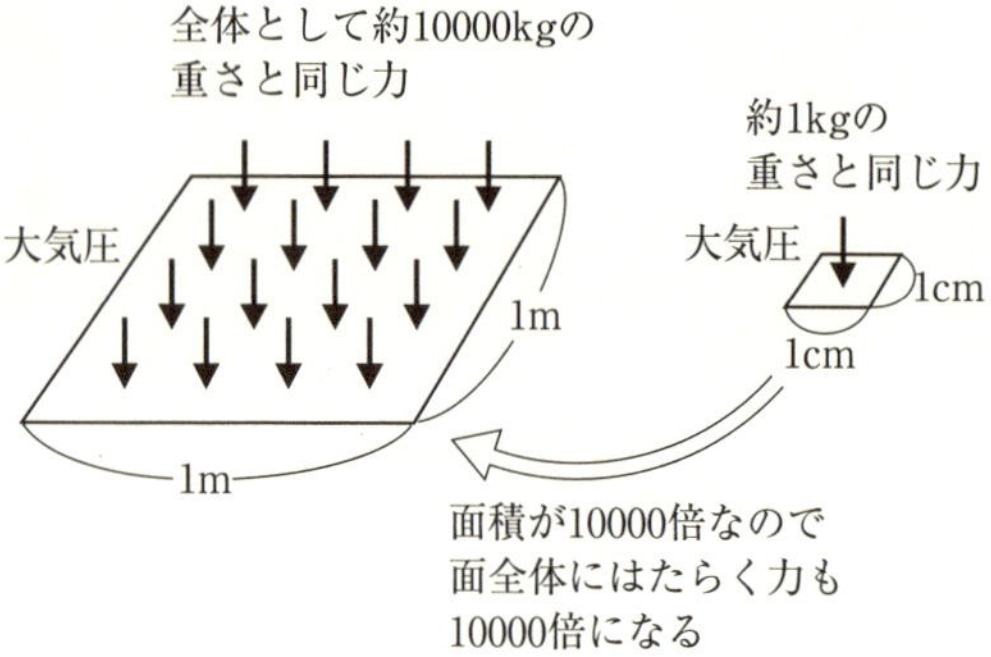

大気圧の大きさ

圧力は面にはたらく力を面積で割った値です（項目3、25ページ）。圧力が一定であれば、面にはたらく力は面積に比例して大きくなります。

一般に、大気圧はそれほど大きいとは感じませんが、大気圧がはたらいているときの面積とその面にはたらく力の大きさの関係を調べてみましょう。

標準的な大気圧の値は一気圧（約一〇一三ヘクトパスカル）です。この場合、一平方センチメートル（一辺が一センチメートルの正方形の面積）あたりに約一キログラムの重さと同じ大きさの力がかかっています。さらに、一平方メートル（一辺が一メートルの正方形の面積）では面積が一万倍になりますので、約一〇トン（約一万キログラムの重さ）となり、非常に大きな力です。ただし、人は体内の圧力もほぼ一気圧となってつり合っているため、この圧力を感じることはありません。

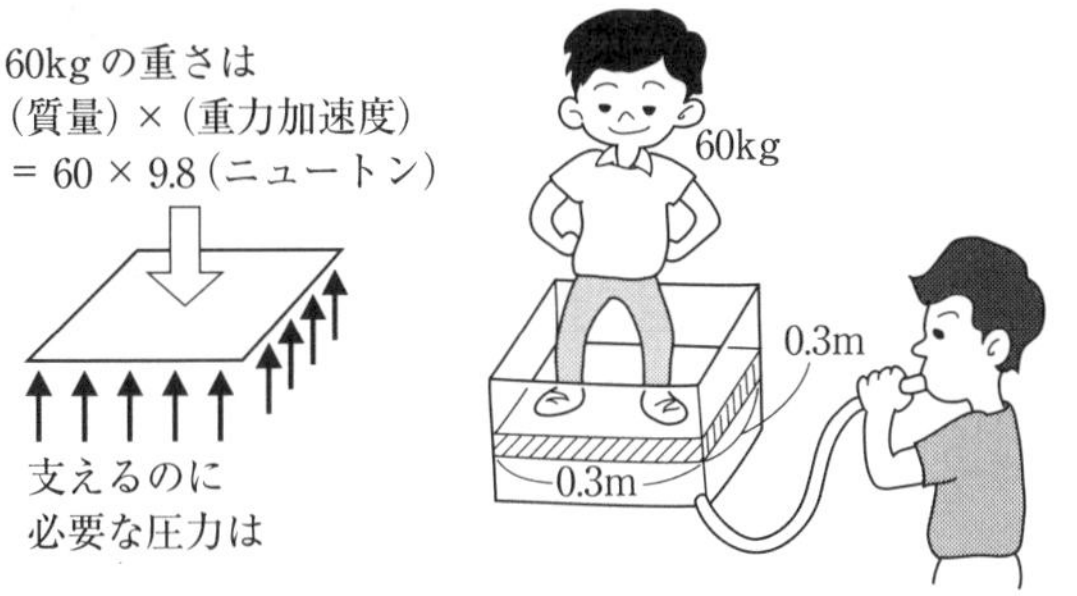
60kg の重さは
（質量）×（重力加速度）
= 60 × 9.8（ニュートン）
支えるのに
必要な圧力は
60kg
0.3m
0.3m

$$\frac{（力）}{（面積）} = \frac{60 \times 9.8}{0.3 \times 0.3} = 6533（パスカル）= 65.33（ヘクトパスカル）$$

人を持ち上げるには

「やってみよう」では、息の圧力で人を持ち上げました。たとえば、一辺が〇・三メートルの正方形で体重六〇キログラムの人を持ち上げるとすれば、六〇キログラムに重力加速度九・八メートル毎秒毎秒をかけて重力を求め、これを面積で割れば圧力が求められます。

（圧力）＝（力）÷（面積）
＝六〇×九・八÷（〇・三×〇・三）
＝六五三三パスカル＝〇・〇六四気圧

これは、一気圧のおよそ一五分の一の圧力という小さな圧力で、人の息でも十分持ち上げられます。「どう役立つ？」の搬送機も面積を確保することによって比較的小さな圧力で重量物を支えます。建設機械やプレス機などの油圧機器も同じ原理で大きな力を発生させています。面積を大きくすれば、それに比例して大きな力が得られるのです。

7 水深と圧力

水の中では、深いところほど大きな水圧になります。どのくらいの大きさになるのか、ためしてみましょう。

やってみよう

1

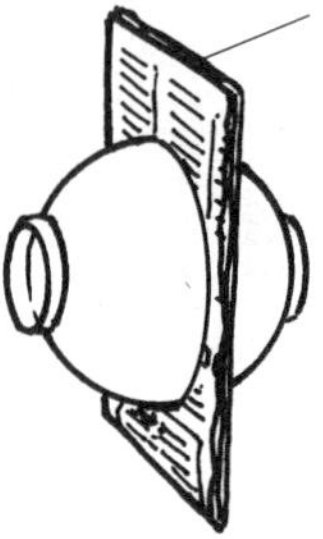

水でぬらした
新聞紙
(3～4枚)

新聞紙を3～4枚重ねて、水でぬらしてから、おわんの間にはさみます。2つのおわんがずれないようにします。

2

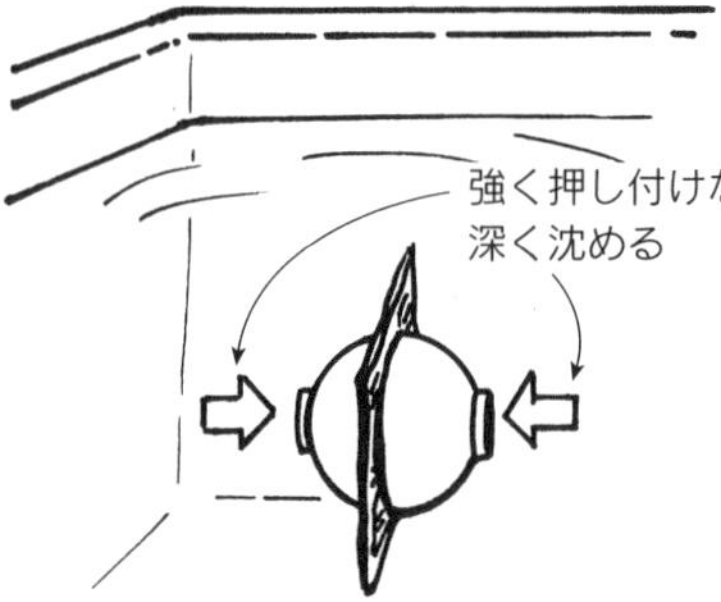

強く押し付けながら
深く沈める

おわんを押し付けながらお風呂に深く沈めてから、おわんを左右にはがしてみます。大きな力が必要なことがわかります。

3

深いとはがれない

次に、同じように沈めてから１つのおわんの底を上に向け、上のおわんから手を離します。おわんははがれません。

4

浅いとはがれる

これを少しずつ、浅いところへ移動させます。ある程度浅くなると、急に上のおわんがはがれます。

どう役立つ?

しんかい6500　（写真提供／海洋研究開発機構）

深海では水圧が非常に大きくなります。写真の深海調査船「しんかい６５００」は世界で最も深く潜れる有人潜水船です（二〇〇四年八月現在）。その名の通り六五〇〇メートルの深さまで潜ることができ、海底の地形や構造、鉱物、深海生物などのさまざまな調査を行っています。

六五〇〇メートルの深さでは約六五〇気圧の水圧がかかります。これは、一平方センチメートルあたり約六五〇キログラムの重さ、また一辺が一〇センチメートルの正方形（手のひら程度の広さ）では約六万五〇〇〇キログラム（六五トン）の重さと同じ大きさの力です。このように非常に大きな圧力を受けるので、深海調査船の強度設計には細心の注意が必要です。「やってみよう」でも水深を深くするほど張り付く力が大きくなります。深海調査船にはたらく圧力もこれと同じ原理で説明できます。

タネあかし

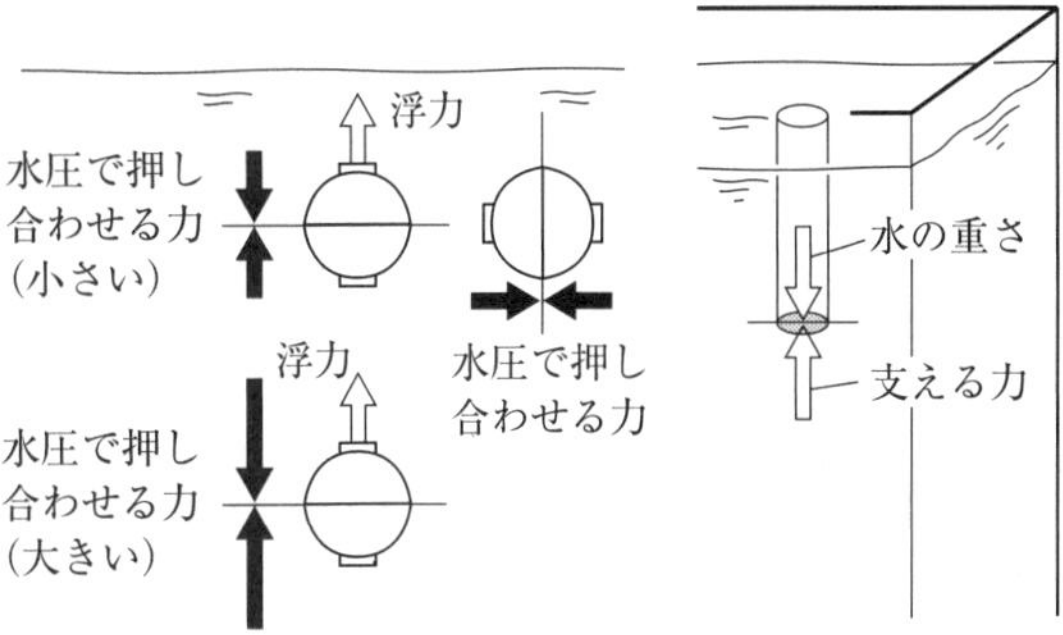
浮力
水圧で押し
合わせる力
(小さい)
水圧で押し
合わせる力
浮力
水圧で押し
合わせる力
(大きい)
水の重さ
支える力

水中での圧力

水中では、その点より上にある水の重さを支えるため、深いところほど水圧が高くなります。

真水の場合は、約一〇メートル深くなるごとに一気圧ずつ圧力が高くなります。たとえば「やってみよう」において直径一二センチメートルのおわんを使い、水深五〇センチメートルまで沈めたとすれば、おわんどうしが張り付く力は約五・六キログラムの重さと同じ力になります。この力はほぼ水深に比例して大きくなります。なお、圧力はどの方向にも同じ大きさで作用する（パスカルの原理）ので、おわんを傾けても張り付く力の大きさは同じです。

「やってみよう」の後半でおわんを上下にした場合、深いところでは上のおわんを引っ張り上げる浮力よりも上下のおわんを水圧で押し合わせる力の方が大きく、はがれません。浅いところでは浮力の大きさは変化しませんが水圧が低くなり、はがれました。

8 浮力1

水の中を浮き沈みするおもちゃを作ってみましょう。浮力の秘密が見えてきます。

やってみよう

1

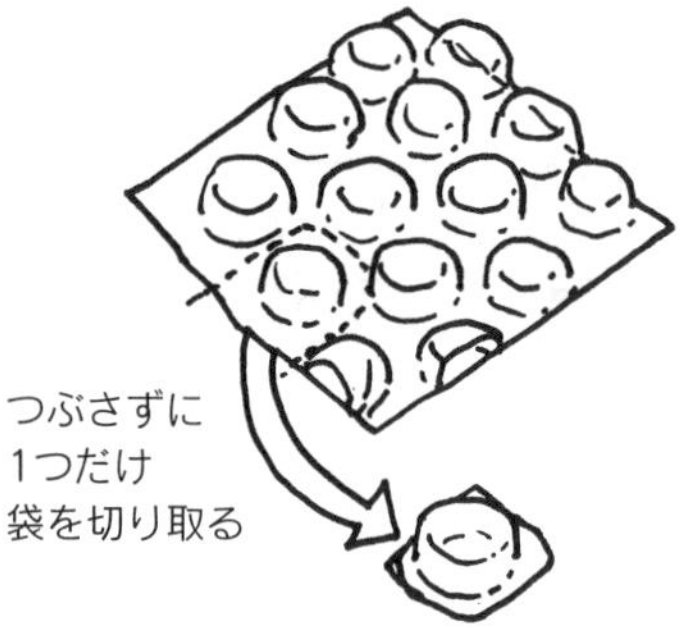
つぶさずに
1つだけ
袋を切り取る

荷物を包んだりするのに使うクッション材を、図のように切り取ります。

2

銅や黄銅の
さびにくい
針金やクリップ

切ったクッション材にクリップや針金などのおもりをつけて、水にわずかに浮くくらいにおもりの量を調節します。

3

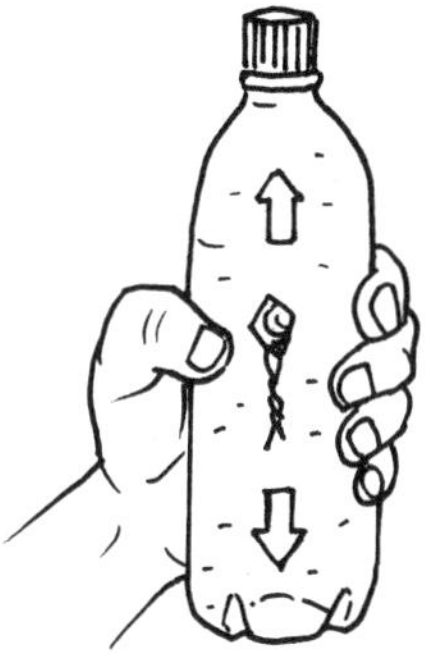

これをペットボトルに入れ、水で満たしてふたをします。ペットボトルを強く握ると沈み、離すと浮きます。

4

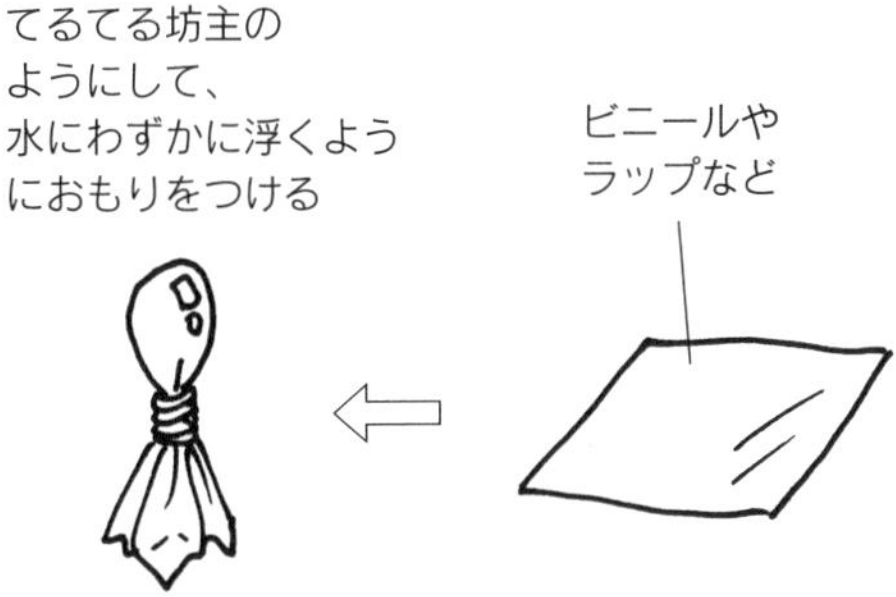
てるてる坊主の
ようにして、
水にわずかに浮くよう
におもりをつける
ビニールや
ラップなど

クッション材がない場合には、ビニールやラップなどに空気を閉じ込め、輪ゴムで止めたものでも同じことができます。

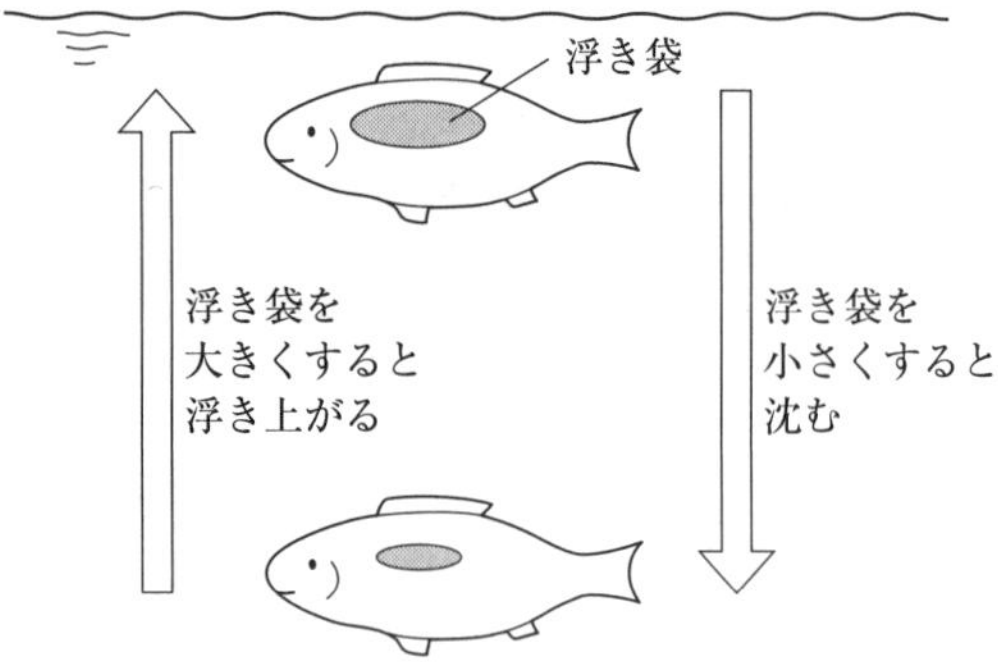
浮き袋
浮き袋を
大きくすると
浮き上がる
浮き袋を
小さくすると
沈む

魚の浮き袋

魚は「浮き袋」という器官の大きさ（体積）を筋肉の力で変化させて浮き沈みしています。浮き袋の体積を小さくすると魚が受ける浮力は小さくなり、沈みます。逆に浮き袋をふくらませると浮力が大きくなり、浮き上がります。

マッコウクジラも同様の方法で浮き沈みをしています。頭部にある脳油器官にはワックス状の脳油が入っています。これを冷たい海水と暖かい血液を利用して温度調節しています。温度を変えることにより、脳油は暖かいときは液体、冷たいときは固体となって、体積が変化します。液体か固体かは直接は関係ありませんが、体積の変化によって浮力が変化するのです。

このように、体積を変えて浮力を調節することにより、小さなエネルギーで浮き沈みできます。これは「やってみよう」と同じ原理なのです。

タネあかし

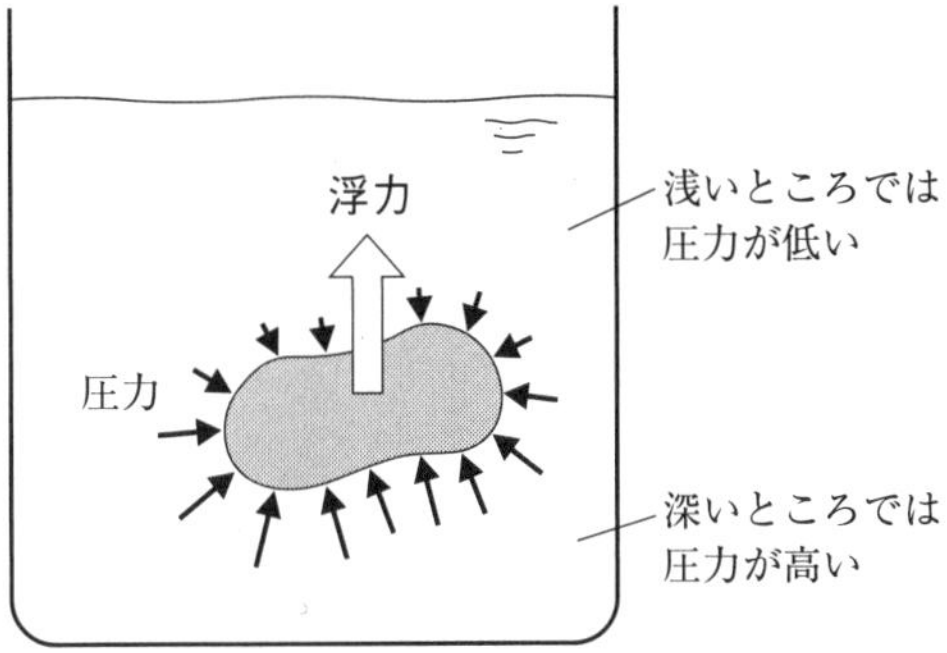
浮力
浅いところでは
圧力が低い
圧力
深いところでは
圧力が高い

浮力のしくみ

流体の中にある物体には**浮力**がはたらきます。これはなぜでしょうか。

図のような、液体の中にある物体を考えてみましょう。項目7（41ページ）で説明したように、液体の中では深いところほど圧力が高くなります。したがって、物体にはたらく圧力は、図のように下にあるところほど大きくなります。圧力は物体を圧縮する方向にはたらくので、下の面にはたらく圧力は上向きの成分を含んでいます。逆に、上の面では下向きの成分を含みますが、これは小さな圧力です。これらの圧力を合計すると、全体では上向きの力が発生することがわかります。この上向きの力が、**浮力**です。

浮力は、液体に限らず気体の中の物体にも同様に発生します。たとえば、ヘリウム入りの風船や飛行船が浮くのも、空気からの浮力によるものです。

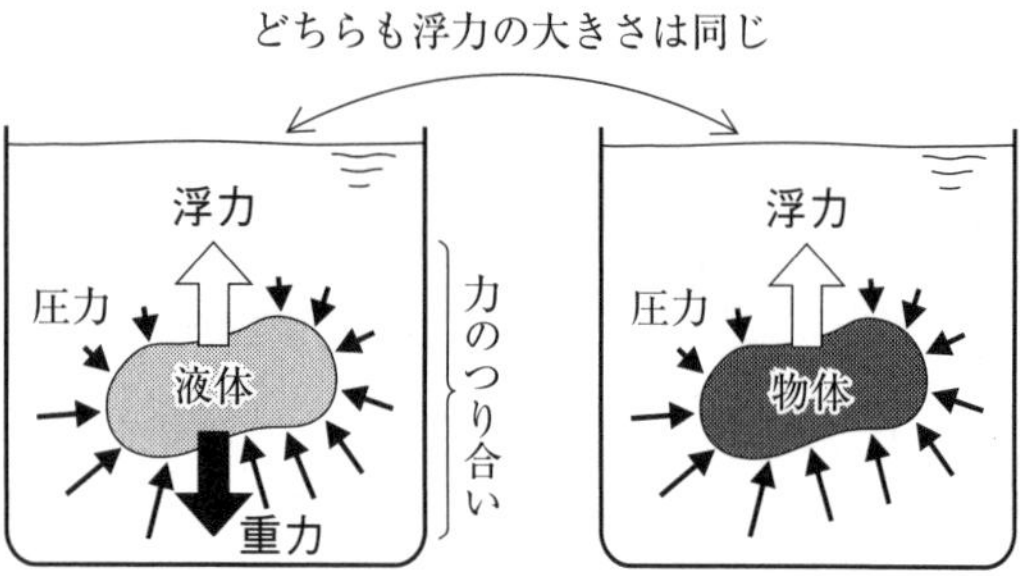

浮力の大きさ

次に、浮力の大きさを求めてみましょう。

図で、右は液体中の物体です（なお、物体が静止していても上下に動いていても浮力の大きさは同じです）。左図は物体を取り除き、物体が抜けた部分にまわりと同じ液体を入れたものです。このとき、右図の物体表面にはたらく圧力と、左図の物体と置き換えた液体にはたらく圧力はまったく同じ分布になります。同じ形で同じ深さであれば同じ圧力になるからです。これらの圧力の合力である浮力は左右の図で同一となります。

一方、左図の液体は静止しているので、浮力とこの部分の液体の自重（重力）は等しいはずです。したがって、左図の浮力と重力、右図の浮力は等しいことがわかります。**アルキメデスの原理**「浮力の大きさは、その物体が押しのけた体積の液体の重さに等しい」が確認できました。

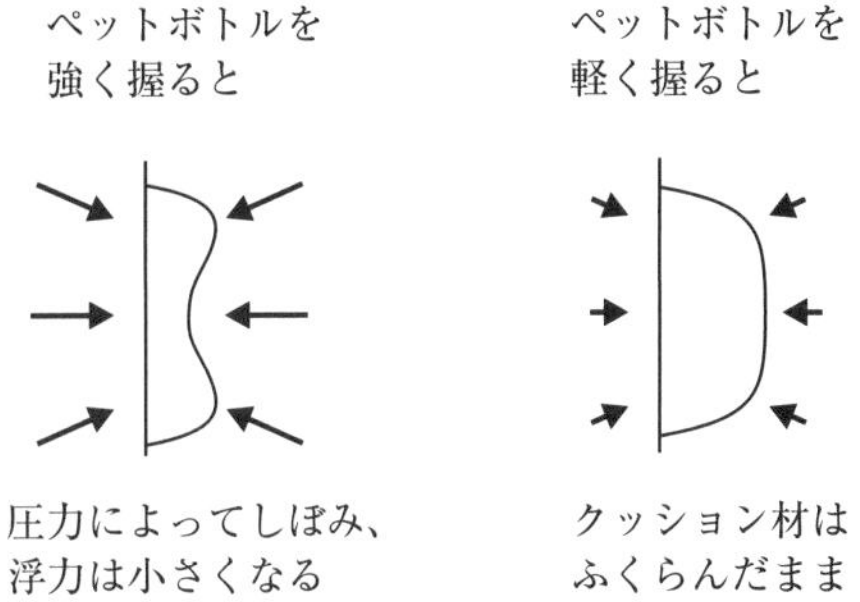
ペットボトルを
強く握ると
ペットボトルを
軽く握ると
圧力によってしぼみ、
浮力は小さくなる
クッション材は
ふくらんだまま

浮き沈みの秘密

以上から、浮力の大きさはその物体の体積によって変化することがわかります。

「やってみよう」で紹介したおもちゃ（浮《ふ》沈《ちん》子《し》という）はこの原理を利用しています。ペットボトルを強く握ると、中の水圧が高くなります。クッション材の中の空気はこの圧力で押されて、収縮します（体積が小さくなる）。体積が小さくなると、水から受ける浮力が小さくなり、自重の方が大きくなるので沈みます。逆に、ペットボトルを握る力を弱めると、クッション材の空気が膨張して浮力が増え、浮くことになるのです。

「どう役立つ？」の魚やマッコウクジラは、それぞれの方法で浮き袋や脳油器官の体積を変化させ、浮力の大きさを調節しています。このようにすると、泳ぐときよりも少ないエネルギーで浮き沈みすることができます。

9 浮力2

浮力の性質を利用すると、どんなに複雑な形の物体でも簡単に体積を求めることができます。

やってみよう

1

0に合わせる

水を入れた容器をはかりに乗せ、重さの表示を0に合わせます。体積を測りたいものを、糸でつるして水の中に入れます。

2

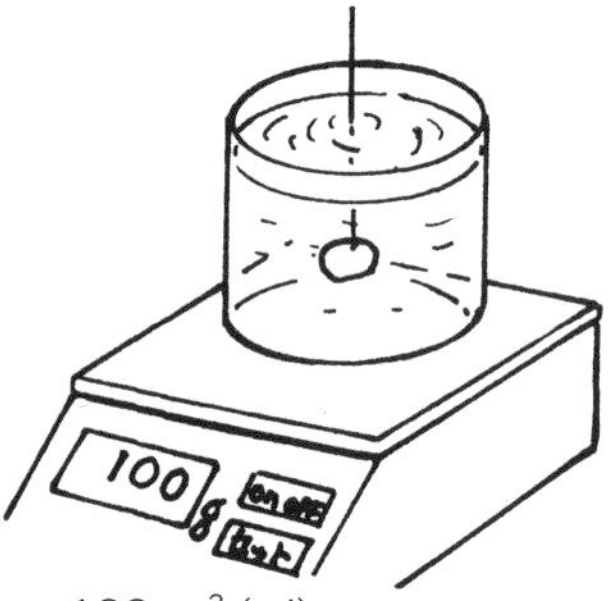

100g→100cm^3 (ml)

はかりに表示されたg（グラム）の数値をcm^3（またはml）に読みかえれば、求める体積になります。

↘入れる前と入れた後の数値の差を読み取れば、同じことです。

3

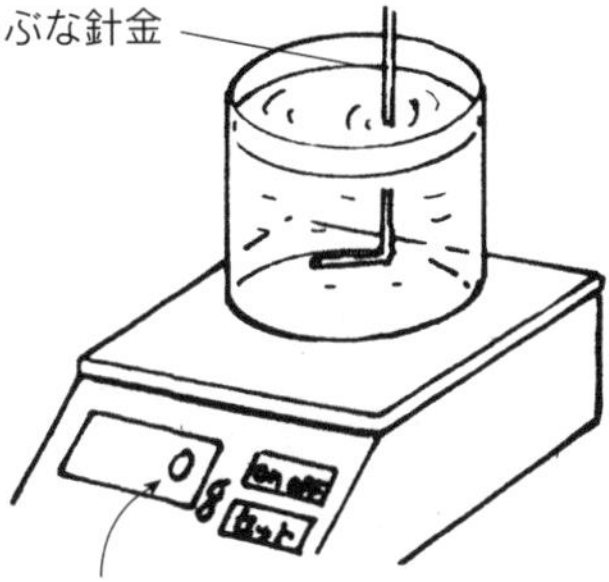

水に浮く物体の場合には、じょうぶな針金などを利用します。針金を底につかないように水中に入れて、はかりを0に合わせます。

4

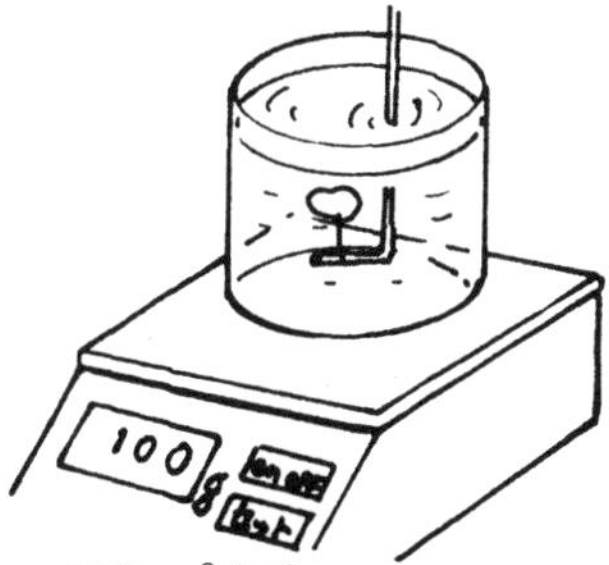

次に、針金と物体を糸で結び、底につかないように沈めます。はかりの数値をcm^3（またはml）に読みかえれば、求める体積になります。

※はかりによっては、容器をのせた状態で表示をゼロに合わせられないかもしれません。その場合は、物体を↗

ボイジャー・オブ・ザ・シーズ（14万2000トン／3114名／1999年）

（写真提供／ミキ・ツーリスト）

船の大きさを表す場合、「総トン数」が用いられます。これは船の内部容積を示し、積載量や客室スペースの大きさに関係する値です。

一方、船の設計段階では船にかかる力のつり合いに関係する「排水量」の値も重要になります。排水量とは、船（水面より下の部分）が押しのけた水の量という意味です。項目8（46ページ）で説明した通り、その水の重量が浮力の大きさに一致します。排水量を体積として表さず、排除した水の重さで表してもその船の大きさを知ることができるのです。「やってみよう」で、はかりの読み（重さ）から体積を読み取れるのも同じ理由です。

つまり、押しのけた水の体積によって浮力の大きさ（排水量に一致）が決まり、その浮力は船の重量にも一致するのです。なお、写真は世界最大級の客船で総トン数一四万二〇〇〇トンにも及びます。

タネあかし

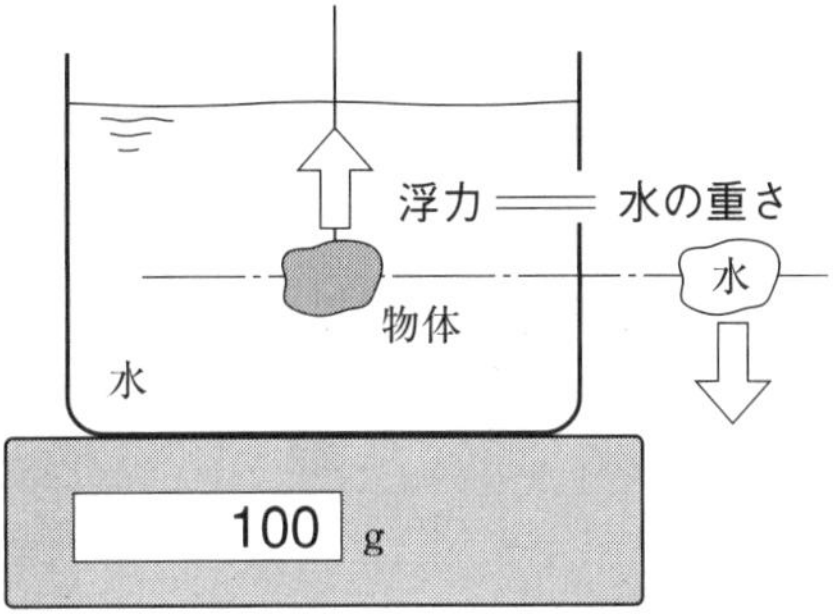

物体とはかりにはたらく力

水中の物体には、水による浮力がはたらきます。このとき、水には反作用で浮力と同じ大きさの下向きの力がはたらきます。物体を水中に入れたときにはかりの表示が増えるのは、この力の分なのです。

さて、項目8で説明した通り、アルキメデスの原理から、浮力の大きさは物体と同じ体積の流体の重さです。したがって「やってみよう」ではかりに表示された値は物体が押しのけた液体の重さです。たとえば一〇〇グラムと表示されたとすれば、物体が押しのけた水の重さが一〇〇グラムということになります。水一グラムあたりの体積は一立方センチメートル（一ミリリットル）ですから、体積は一〇〇立方センチメートルということになります。簡単な方法ですが、物体の体積を求めることができます。「どう役立つ？」の船の排水量もこの性質によって決まります。

10 渦《うず》

渦には台風や竜巻、渦潮、洗濯機の水が作り出す渦などがあります。ここでは、ペットボトルの中に渦を作ってみましょう。

やってみよう

1

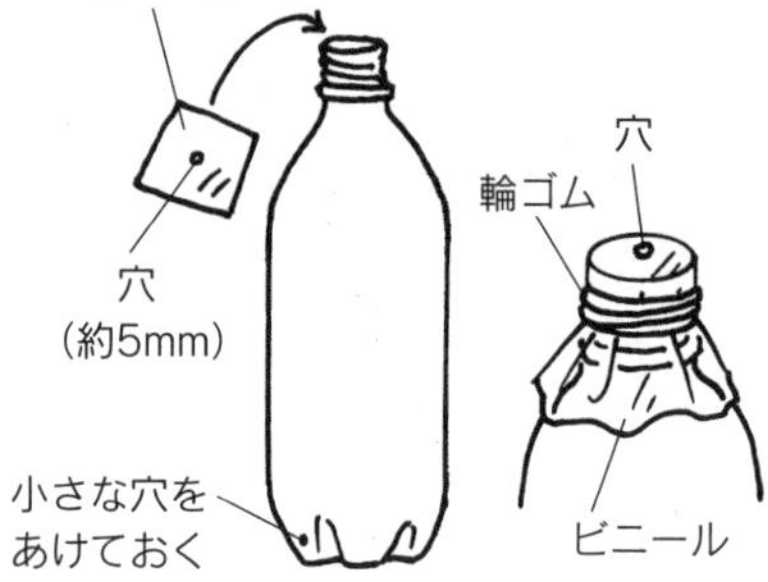

ビニール
穴
(約5mm)
小さな穴を
あけておく
穴
輪ゴム
ビニール

ビニールに直径５mmくらいの穴をあけて、ペットボトルの口に輪ゴムで止めます。ペットボトルの底付近に穴をあけます。

2

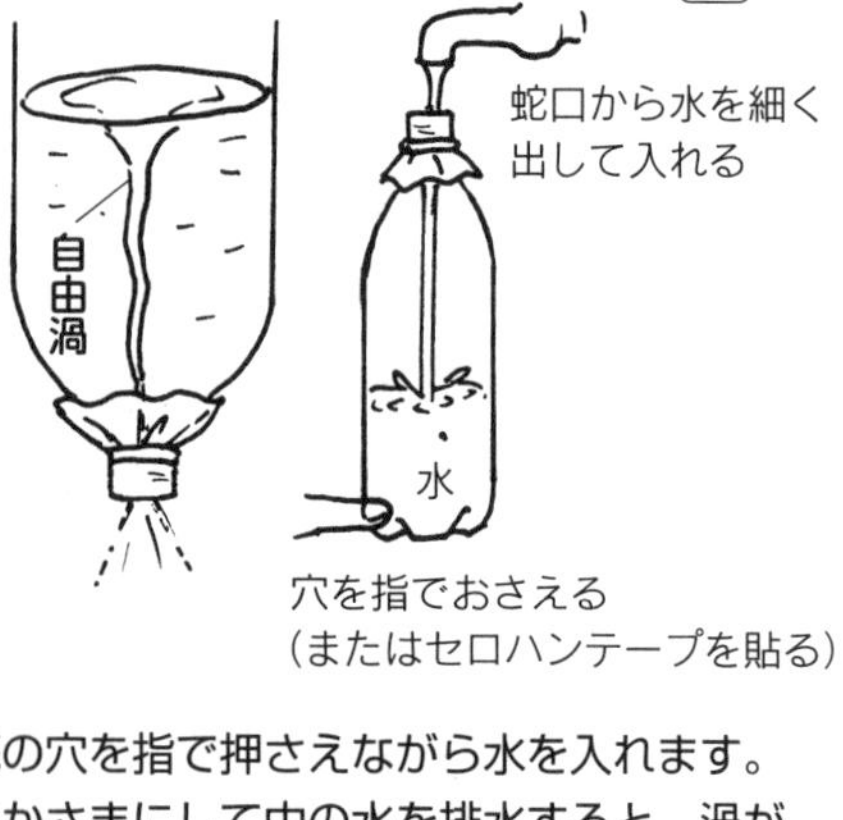

自由渦
蛇口から水を細く
出して入れる
水
穴を指でおさえる
(またはセロハンテープを貼る)

底の穴を指で押さえながら水を入れます。さかさまにして中の水を排水すると、渦ができます（自由渦）。

3

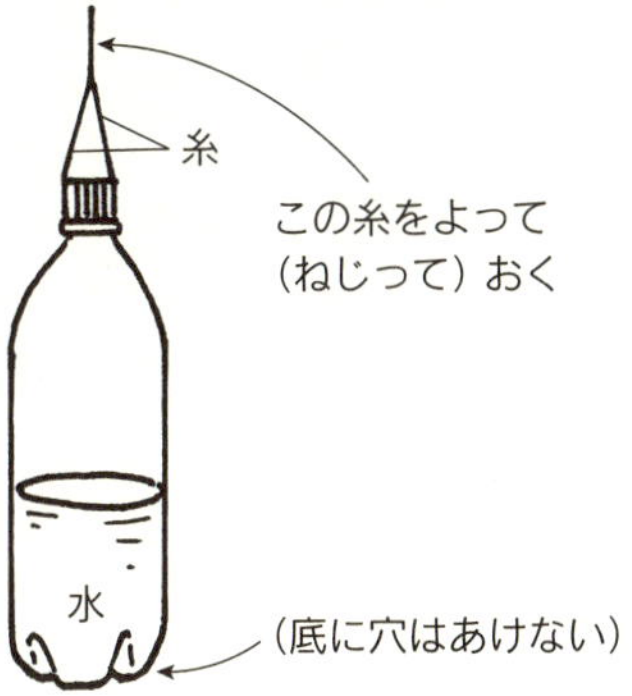
糸
この糸をよって
(ねじって) おく
水
(底に穴はあけない)

次に、別のペットボトルを用意して、口を糸でしばり、つるせるようにします。半分くらい水を入れておきます。

4

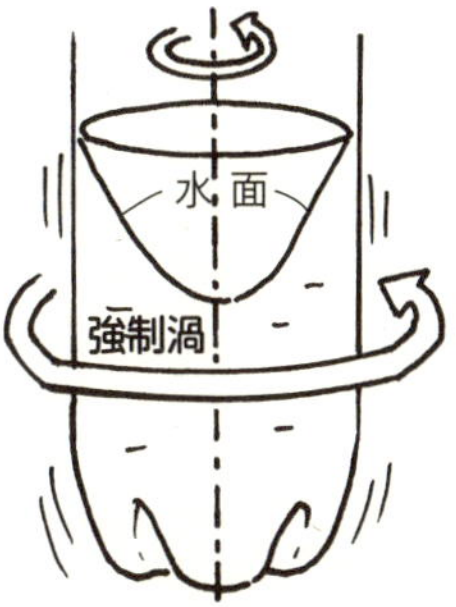
水面
強制渦

あらかじめ糸をねじっておいてつるすと回転を始め、やがて中の水もペットボトルといっしょに回転を始めます（強制渦）。

自由渦を利用した喫煙コーナー　（写真提供／トルネックス）

写真の喫煙コーナーの排気装置では、四本の柱からそれぞれ隣の柱の方向に空気を吹き出し、これが渦のきっかけとなります。周囲の空気は中央に集まりながら装置に吸い込まれます。はじめに外周でわずかに回転を与えられた空気は、中央へ進むほど回転が強まります。

フィギュアスケーターがスピンをするとき、腕を広げたときにゆっくり回転し、腕をたたんで体につけたときに速く回転するのと同じことで（角運動量保存則）、空気も中心に近づくほど高速で回転するのです。この回転によって、煙は外に広がらずに排気されます。

一つめの「やってみよう」は、この喫煙コーナーの渦と同じ原理です。どちらの渦も中心に近いところほど速く回転しています。

このような渦を、**自由渦**といいます。

油清浄機

遠心沈降機

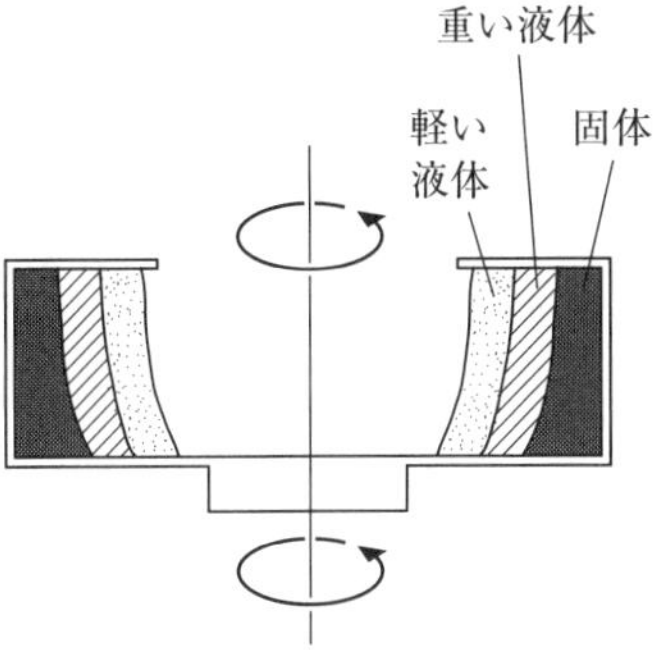

強制渦を利用した遠心分離機 （写真提供／三菱化工機）

遠心分離機の一種に、遠心沈降機というものがあります。外向きにはたらく遠心力を利用して、砂などの固体粒子を含んだ液体や、複数の液体が混ざったものを短時間で分離する装置です。写真はこの原理を利用した油清浄機です。

図では原液を入れた容器を高速回転させることによって、固体粒子、重い液体、軽い液体に分離しています。このとき重要なのは、回転が安定すると、液体が容器と一体となって運動するということです。一体となっていることは流体の変形がないことを意味し、分離される過程でかくはんされることなく、静かに分離することになります。ちょうどメリーゴーランドが回転しているのと同じです。

遠心沈降機も二つめの「やってみよう」も液体と容器は一体となって回転します。回転中心から遠いところほど速く回転し、これを**強制渦**といいます。

タネあかし

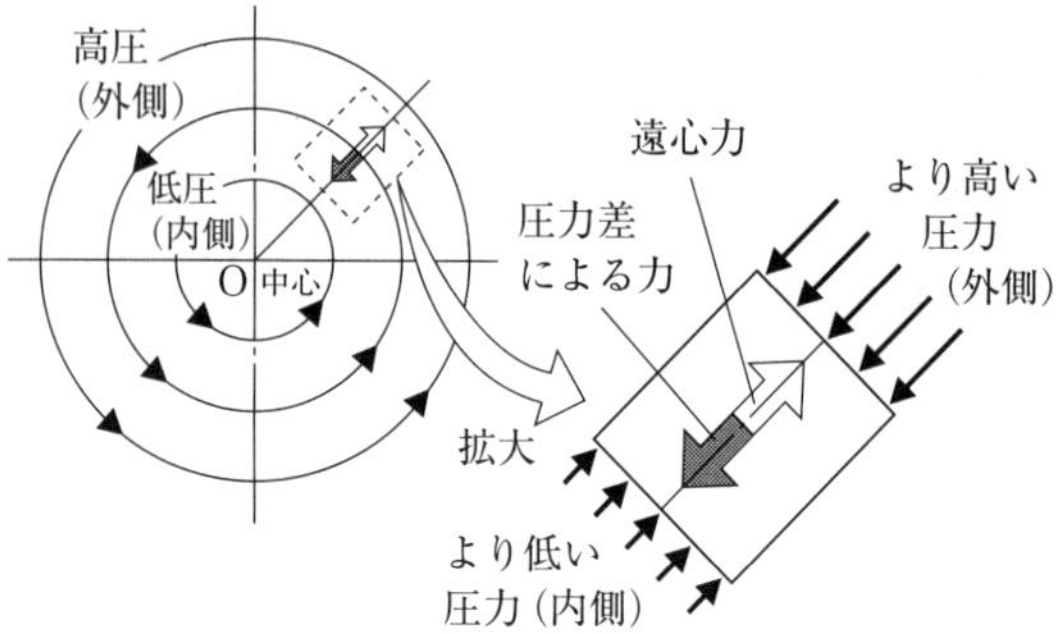

渦とは

流体が、ある点を中心に回転している状態を渦といいます。「やってみよう」や「どう役立つ?」も中心軸のまわりに回転しており、渦の一種です。

図に示したように、水平面内で渦を考えてみましょう。この渦は自由渦でも強制渦でもかまいません。ともかく、ある点のまわりに回転していればよいものとします。流体粒子には遠心力がはたらき、流体は外側に押されます。その結果、流体粒子は外へ外へと押され、外側ほど圧力が高くなります。

拡大図は流体の一部分について力のつり合いを考えたものです。外側ではより高い圧力、内側では低い圧力となり、圧力の差によって内向きに力がはたらきます。この力が遠心力とちょうどつり合ったときに、外側にも内側にも移動せず、同じ半径上で円運動を続けます。なお、以上のことは外枠があってもなくても同じ結果となります。

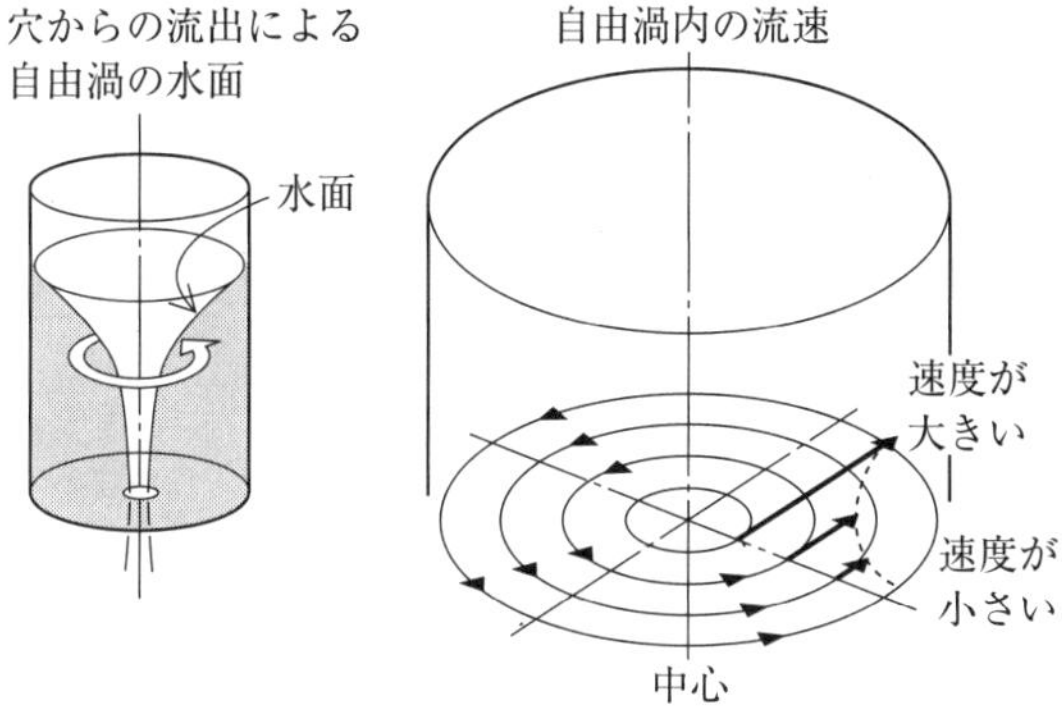
穴からの流出による
自由渦の水面
水面
自由渦内の流速
速度が
大きい
速度が
小さい
中心

自由渦

このような渦の代表が、「やってみよう」で出てきた**自由渦**と**強制渦**の二つです。

自由渦は外部からのエネルギーの供給がない場合にできる渦で、渦の中心付近でも外側でも流体の持っているエネルギーは同じ大きさになります。外側では圧力が高いので、その圧力をエネルギーに換算した分（項目17）だけ運動エネルギーは小さくなり、旋回速度は小さくなります。逆に中心付近では圧力が低く、運動エネルギーが大きくなり、旋回速度が大きくなります。旋回速度は中心からの半径に反比例し、内側ほど高速で回転します。

一つめの「やってみよう」や「どう役立つ？」の喫煙コーナーは自由渦になっています。前者では穴からの流出、後者では穴への吸い込みによってわずかな中心方向の流れができ、それが中心に進みながら旋回速度が大きくなっていくのです。

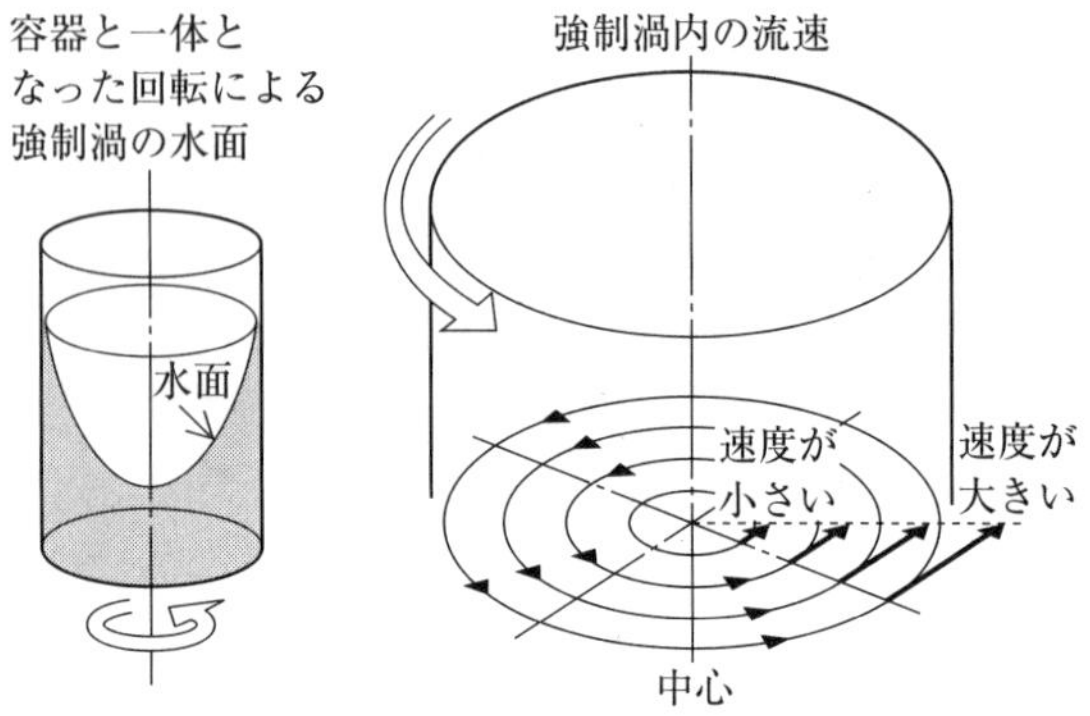
容器と一体となった回転による強制渦の水面
水面
強制渦内の流速
速度が小さい
速度が大きい
中心

強制渦

一方、**強制渦**は外側から強制的に回転させられるときにできる渦で、二つめの「やってみよう」や遠心沈降機などがその例です。

容器を回転させ、やがて流体の回転が安定すると、流体は容器と一体となって回転します。固体の回転運動とまったく同じで、旋回速度は中心からの半径に比例し、外側ほど速く回ります。

「どう役立つ？」の遠心沈降機は、固体の粒子などを短時間で分離させるときに使われます。中心ほど速く回転している自由渦では流体が常に変形しますが、強制渦では流体が変形しないところがポイントで、流れは乱れず、静かに分離が進みます。

なお、水面の形は自由渦では上に凸、強制渦では下に凸になっています。この違いは、両者の速度が半径に反比例するのか、比例するのかによる違いであり、計算で求められます。

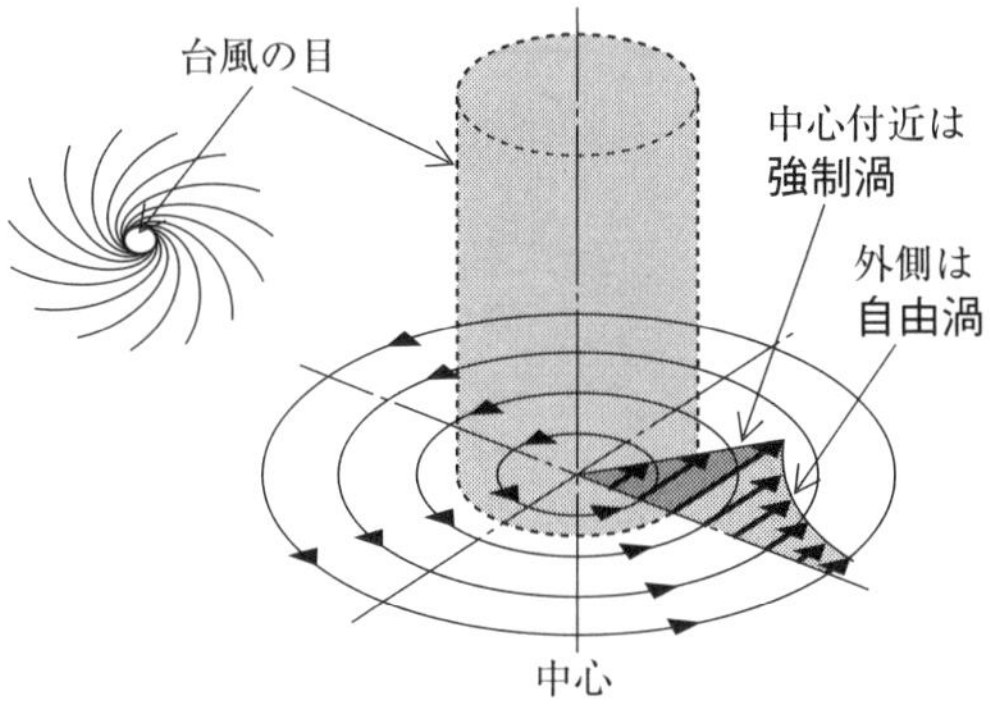

自然界で発生する渦

自然界にも台風や竜巻、鳴門の渦潮などの渦があります。自然界の渦の多くは外部から強制的に回転させられることはなく、近似的に自由渦になります。ただし、完全な自由渦では旋回速度が半径に反比例し、中心で速度が無限大になるのに対して、実際には中心速度はゼロです。中心速度がゼロになるのは強制渦ですから、台風や竜巻、渦潮は外側は自由渦、中心付近で強制渦ということになります。台風の目はこの強制渦の領域にあるので、台風の目の中に入ると中心に近づくほど風が弱くなります。

このように、外側で自由渦、中心付近で強制渦となる渦を**組み合わせ渦**といいます。

なお、一つめの「やってみよう」で、中心線上に空気が貫通しているときはほぼ自由渦、途中で空気部分が途切れているときは組み合わせ渦になっています。

●コラム　かき回すと内側に集まる茶葉のなぞ

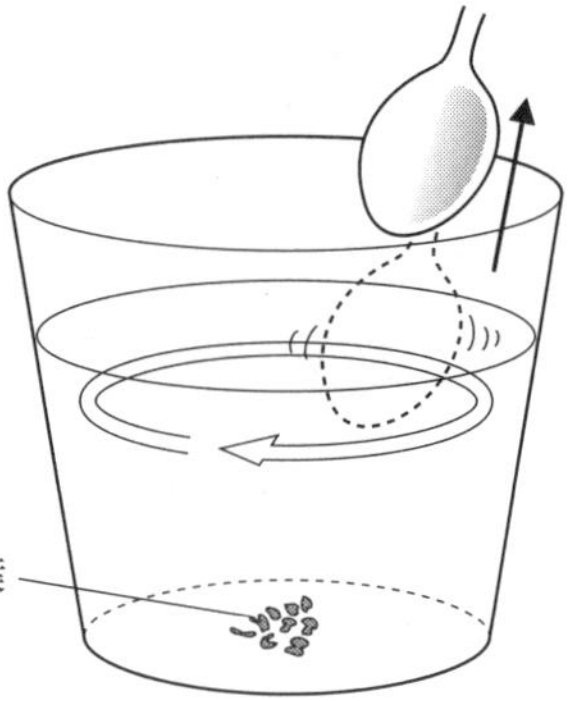

湯飲み茶わんの真ん中に集まる茶葉

湯飲み茶わんの中に茶葉が沈んでいるとき、これをかき回すと、茶葉が真ん中に集まってきます。回転しているので、遠心力で外側へ移動しそうに思えますが、内側へ集まるのはなぜでしょう。

流体と茶葉が回転していれば、どちらも外向きに遠心力を受けます。このとき、流体は遠心力で外側に押され、外側ほど圧力が高くなります。外側と内側の圧力差による力と遠心力とがつり合っていれば、流体は外側にも内側にも移動せず、同じ半径位置で回転を続けます。

茶わんなどの容器内の流体をかき回すと、底からある程度離れた上部では、外周内周の圧力差による力と遠心力とがほぼつり合い、前述のように流体はほぼ同じ半径上で回転を続けます。

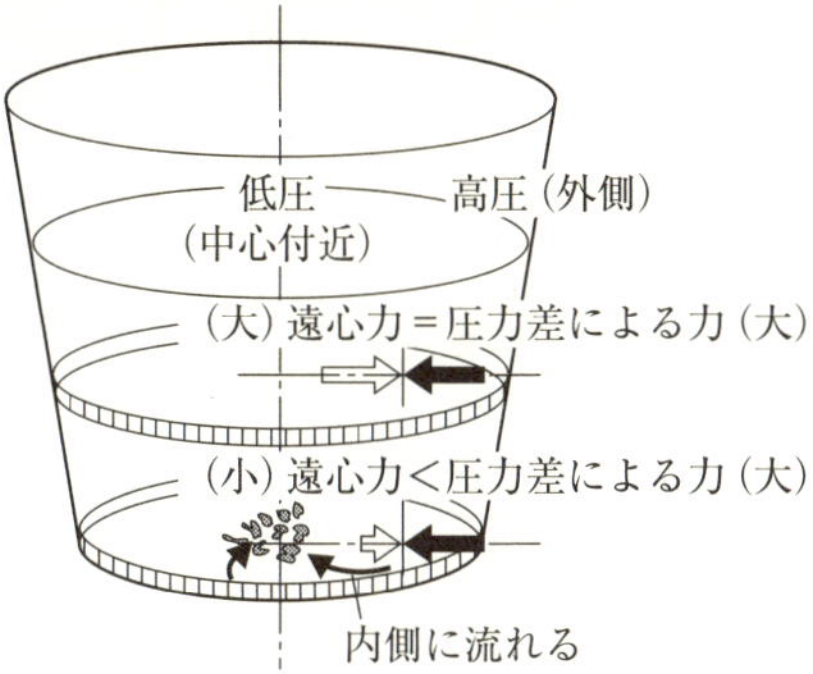
低圧
（中心付近）
高圧（外側）
（大）遠心力＝圧力差による力（大）
（小）遠心力＜圧力差による力（大）
内側に流れる

遠心力と圧力差による力

しかし、底に近い部分の流体には、底面と流体との間で粘性摩擦（項目2、20ページ）がブレーキとしてはたらくため、流速が小さくなり、全体に遠心力も小さくなります。一方、上下方向の強い流れは起こらないので、圧力の分布は上部とほとんど変わりません（上部の圧力分布に深さ分の圧力を均一に加えたものとなる）。つまり、外周内周の圧力差も上部とほとんど同じです。その結果、底付近では、圧力差による力（上部とほぼ同じ）に比べて遠心力（上部より小さい）が小さくなり、流体は回転しながら中心に向かって流れます。その後、この流れは中心付近で上昇する流れとなります。茶葉はこの流れにのって真ん中に集められたのです。

このように、全体の流れ（この場合は回転する流れ）に対して、直角方向の流れ（この場合は中心へ向かう流れ）のことを**二次流れ**といいます。

11 表面張力1

液体には、その液体の分子どうしで集まろうとする性質があります。そのため、液体の表面では表面張力という力がはたらきます。

やってみよう

1

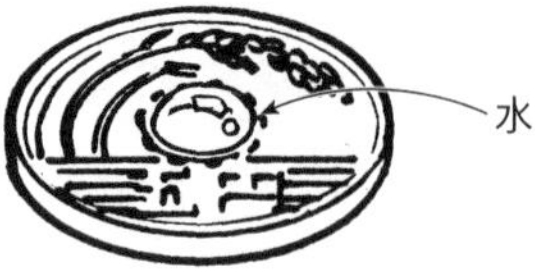

5円玉の穴に水を入れて、水の膜を作ります。水が落ちない程度に、できるだけ多めの水を入れてください。

2

文字は大きく見える

5円玉の穴から新聞の文字を見てみましょう。水が凸レンズになっていて、新聞との距離をうまくとると文字が大きく見えます。

3

次に、穴を指でこすって、水を少なくします。水の膜がなくならない程度に、できるだけ水を少なくしてください。

4

文字は小さく見える

同じように、穴から新聞の文字を見てみます。今度は、水が凹レンズになって、文字が小さく見えます。

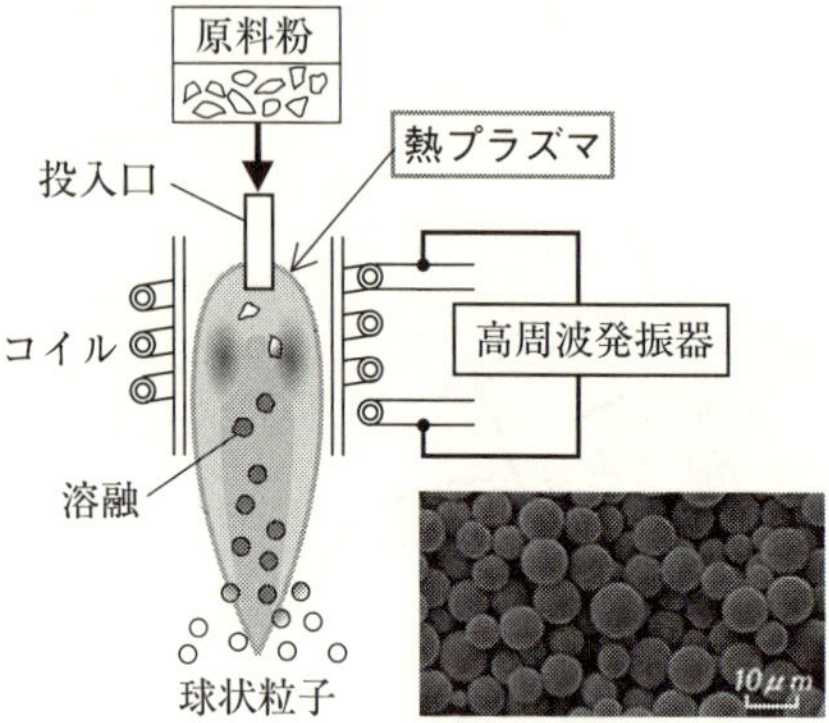

表面張力を利用した球状粒子の製造（資料・写真提供／高周波熱錬株式会社）

液体の表面では、表面張力という力がはたらいています。スペースシャトルなどの無重量状態では重力がはたらいていない状態になり、空間にただよう水は表面張力だけを受け、球形になります。

図はこの原理を利用し、非常に小さな球形の粒子を作る技術です。まず、高周波発振器という電気的な装置で非常に高温の状態（熱プラズマ）を作ります。その中に材料となる粒子（球形ではないもの）を投入し、落下させます（無重量状態）。粒子は高温のためすぐに溶けて液体になり、表面張力で球形になります。粒子の大きさが一〇マイクロメートル程度（一マイクロメートルは一〇〇万分の一メートル）かそれ以下であれば、表面張力のはたらきでほぼ完全な球形の粒子ができます。

この技術は、化学原料、化粧品原料、合金原料などの製造に使われています。

タネあかし

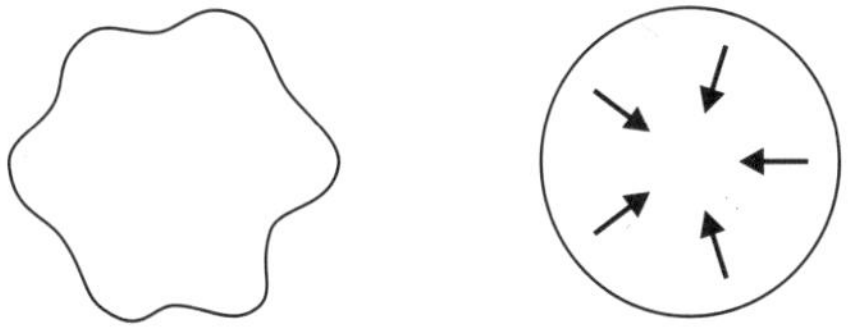
地上での水滴
無重量状態の水滴
大きな水滴ほど
ゆがみが大きい
完全な球形

表面張力を受ける水滴

液体には、分子どうしで引き付け合い、中心に集まろうとする力（凝集力）がはたらきます。スペースシャトルなどの無重量状態で水滴を作ると、この力によって水は球形になります。これを地球の海面に置き換えて考えてみましょう。風の影響などがなければ、海面のでこぼこ（波やうねり）は重力の作用で平らになろうとします。これを地球全体で見れば、海面は球形に近づくことになります。

液滴でも、凝集力が海水にはたらく重力と同じように中心に引っ張る力として作用し、球形に近づきます。見方を変えると、凝集力は液体の表面を引っ張って縮ませようとする力とも考えられ、これを**表面張力**といいます。風船のゴム膜が中の空気を中心に向かって押しているとき、ゴム膜自身はお互いに引っ張り合っているのと同じです。表面張力も液面上の薄いゴム膜と考えるとわかりやすいでしょう。

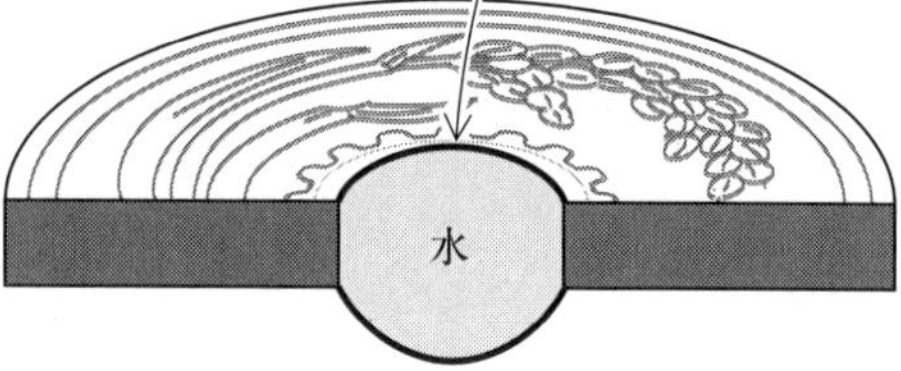
水を多くすると、上下の
水面は盛り上がる
水

5円玉の凸レンズ

コップにいっぱいに水をそそぐと、水面が盛り上がるのも表面張力のはたらきである、ということはよく知られています。

「やってみよう」ではじめに水の量を多くした場合、水面は五円玉の上下で盛り上がります。表面張力によって水面が引っ張られ、水は落ちずにいられるのです。水面がゴムの膜になっていると考えれば、中の水はこのゴム膜によって支えられていると理解できます。

図のような水面の形になっていると、中央付近ほど厚く、凸レンズとなります。新聞との距離をうまくとれば、文字が大きく拡大されて見えます。小さい文字が読めないときに、五円玉と水があれば読むことができるわけです。

ただし、穴が小さいので、あまり実用的とはいえませんが……。

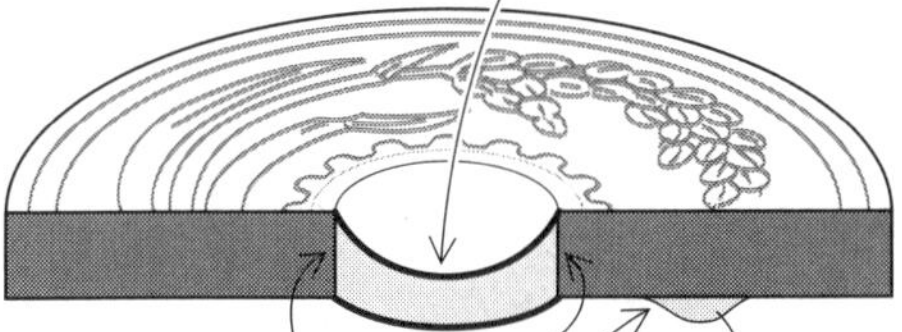
水を少なくすると、上の
水面の中央が下がる
親水性
下についた水滴も
落ちない

5円玉の凹レンズ

次に「やってみよう」の凹レンズを考えましょう。下の水面は前ページの「凸レンズ」のときとまったく同じで、表面張力で支えられています。

上の水面が下に垂れ下がった形になるのも、やはり表面張力のはたらきです。上の水面も薄いゴム膜と考えれば、支えられていることがわかります。

穴の表面と水が張りついているのは、表面が水にぬれやすいという性質、**親水性**（固体の分子と水の分子との間に引き付け合う力ができる）によるものです。たとえば、下面に水滴がついていても落ちないのはこのためです。ガラスのコップに途中まで水を入れると、コップの内側に接する部分だけ水面が高くなりますが、これも親水性によります。

「やってみよう」で水の量が穴の体積より少ないと、親水性により穴の表面に必ず接触するため、中央の膜が薄くならざるを得ず、凹レンズとなります。

12 表面張力2

物質の種類によって、水にぬれにくいものと、ぬれやすいものとがあります。この性質を使うとふしぎなことができます。

やってみよう

1

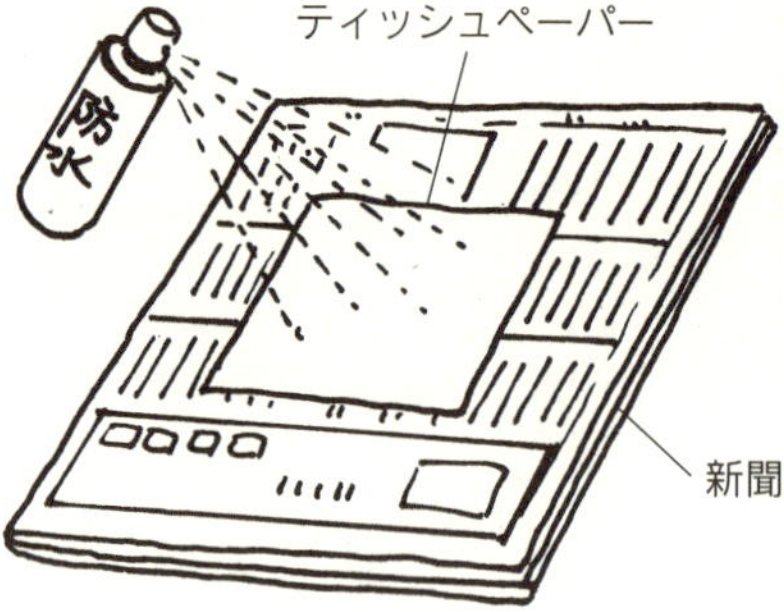

ティッシュペーパーを広げ、防水スプレーをかけて乾かします（このとき、よく換気をしてください）。

2

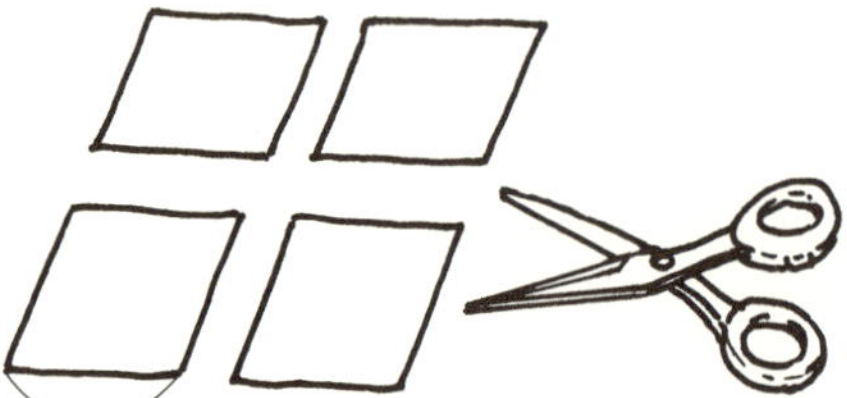

乾いたら5 cm四方くらいに切ります。ここまでが、しかけです。

3

10円玉を乗せても沈まない

これを水に浮かべてください。ティッシュペーパーはぬれずに水に浮きます。10円玉を乗せても浮いています。

4

ティッシュペーパーは
飛んでいく

次に、ティッシュペーパーだけを浮かべて横から吹きます。ティッシュペーパーは水面からみごとに離れて飛んでいきます。

どう役立つ?

ぬれにくい表面
（撥水性）
水滴
ぬれやすい表面
（親水性）
水滴

防水加工

私たちの身のまわりには、水をはじくように加工されたものがたくさんあります。洋服、かばん、くつ、かさなどは雨や水滴にぬれないように防水加工されています。スキーウエアは湿った雪がつきにくくしてあります。自動車ではウインドガラスのくもり止めやボディの汚れ防止のため、水をはじく加工がされています。

固体の表面がこのように水をはじく性質を、一般に**撥水性**《はっすいせい》といいます。「やってみよう」の防水スプレーも、ここで挙げた応用例もこの撥水性を利用しています。

逆に、ガラスや項目11（67ページ）の五円玉のように、水にぬれやすい性質を**親水性**といいます。撥水性か、親水性かは、その固体（または表面にぬった素材）の分子構造などで決まります（詳しい原理は、巻末に紹介した参考図書などを見てください）。

タネあかし

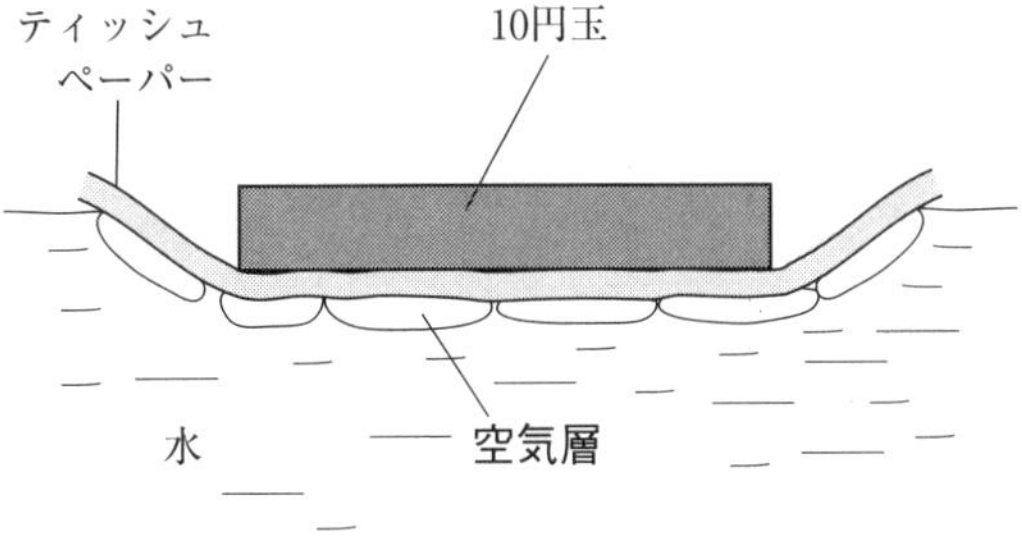

水に浮かぶティッシュペーパー

「やってみよう」では、ティッシュペーパーに防水スプレーをかけ、撥水性を持たせました。この上に水滴をたらすと、水がはじかれ、水滴が玉になります。ティッシュペーパーを水に浮かべると、ティッシュペーパーに接した部分の水がはじかれ、その表面張力によって、ティッシュペーパーとの間に空気の層ができます。一〇円玉を乗せても、この空気層で浮くことができるのです。

ラッコや水鳥は、体から分泌される脂で毛や羽根の表面がおおわれています。これが水をはじき、毛や羽根の間に空気をたくわえることによって浮かんでいるのです。

「やってみよう」で、ティッシュペーパーを吹くと飛んでいくのも、水との間にできる空気層によるものです。水鳥が水から楽に飛び立てるのも同じ原理で、羽根の表面に空気層ができるからなのです。

13 層流と乱流

流れには、乱れのない「層流」と、乱れのある「乱流」という状態があります。それぞれの流れの性質はまったく違うものです。

やってみよう

1

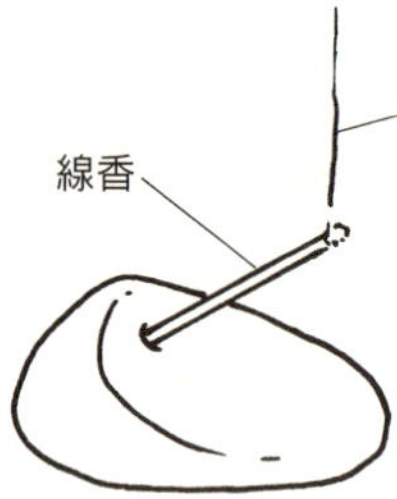

線香の煙を観察してみましょう。煙は、はじめはまっすぐの線を描いて整然と上昇していきます（層流）。

2

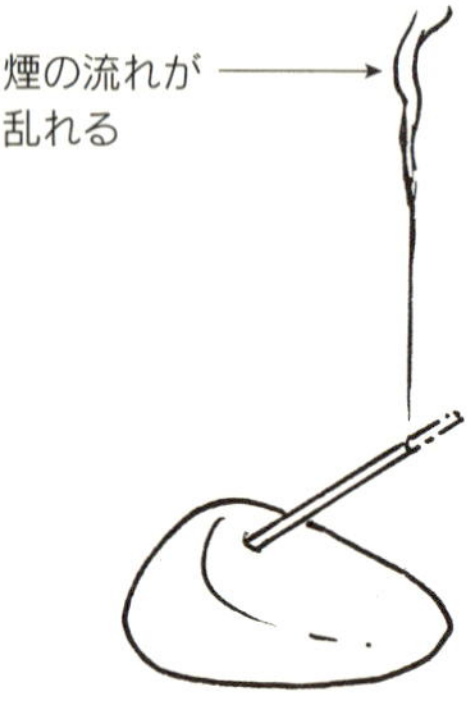

しかし、十数cm上昇したところで、急に乱れてしまいます（乱流）。まわりをどんなに無風状態にしても乱れます。

どう役立つ?

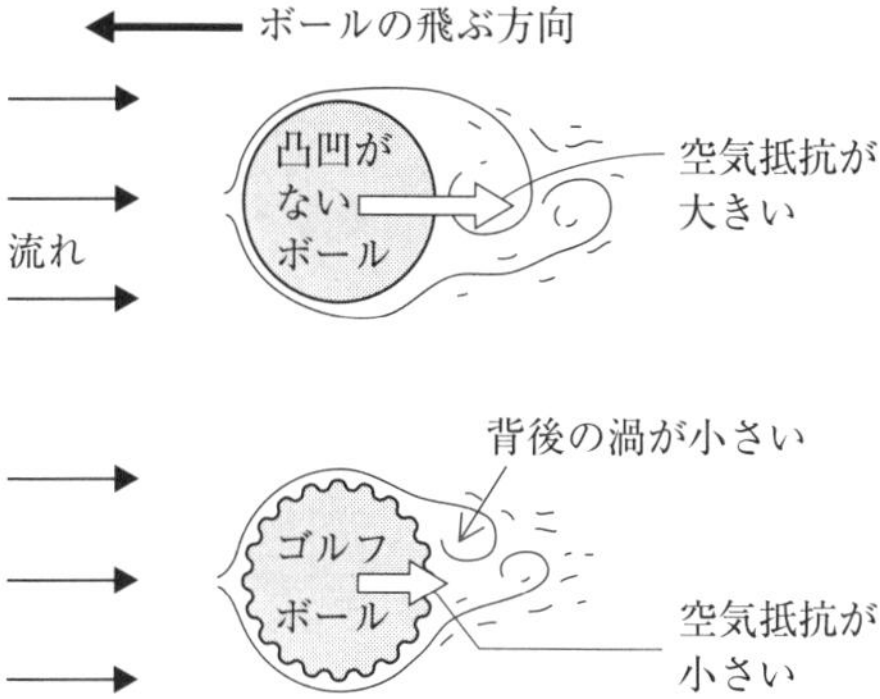
ボールの飛ぶ方向
流れ
凸凹がないボール
空気抵抗が大きい
背後の渦が小さい
ゴルフボール
空気抵抗が小さい

ゴルフボールのディンプル

流れには、層流と乱流という二つの状態がありま す。「やってみよう」の線香で、はじめの乱れがない流れが層流、その後の乱れた流れが乱流です。それぞれの性質を利用した技術があります。

ゴルフボールにはディンプルというくぼみがあり、これは乱流を利用して空気抵抗を減らし、飛距離を伸ばすためのものです。一般に、飛んでいるボールの背後には渦ができ、空気抵抗の原因となっています。ゴルフボールではディンプルのでこぼこによってまわりの流れを乱し、積極的に乱流にしています。流れを乱流の状態にすると、乱れによって流れがボールの背後に回り込みやすくなり、背後の渦が小さくなるのです。その結果、空気抵抗が小さくなります。

サメ肌の水着も同じで、表面に突起をつけて乱流にすることで、水の抵抗を減らしています。

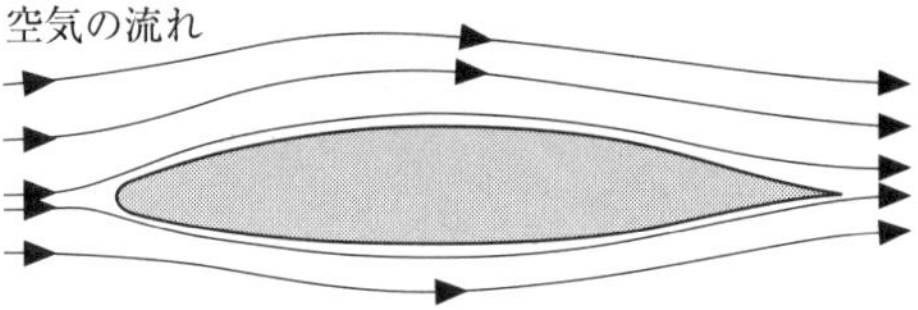

層流翼　（写真提供／Honda）

また、飛行機の主翼などで層流を利用した層流翼というものがあります。抵抗が小さく、グライダーや最新鋭のジェット機などで使われています。

ゴルフボールやサメ肌の水着は、積極的に乱流にして抵抗を小さくしています。しかし、飛行機の主翼では、背後に渦ができにくい流線形（項目26）を使っているので、乱流にする必要性は低いのです。一般に、乱流に比べて層流の方が、乱れがない分だけ摩擦抵抗は小さくなります。そこで、層流翼では層流を利用して抵抗を小さくしたのです。

一般的な翼では、翼が最も厚くなる位置は前部三分の一までの範囲にありますが、層流翼では中央付近にあります。層流の領域が広がるため、摩擦抵抗を小さくすることができるのです。ただし、層流翼には表面をなめらかにしなければいけないなどの課題もあり、一部の飛行機に限られています。

タネあかし

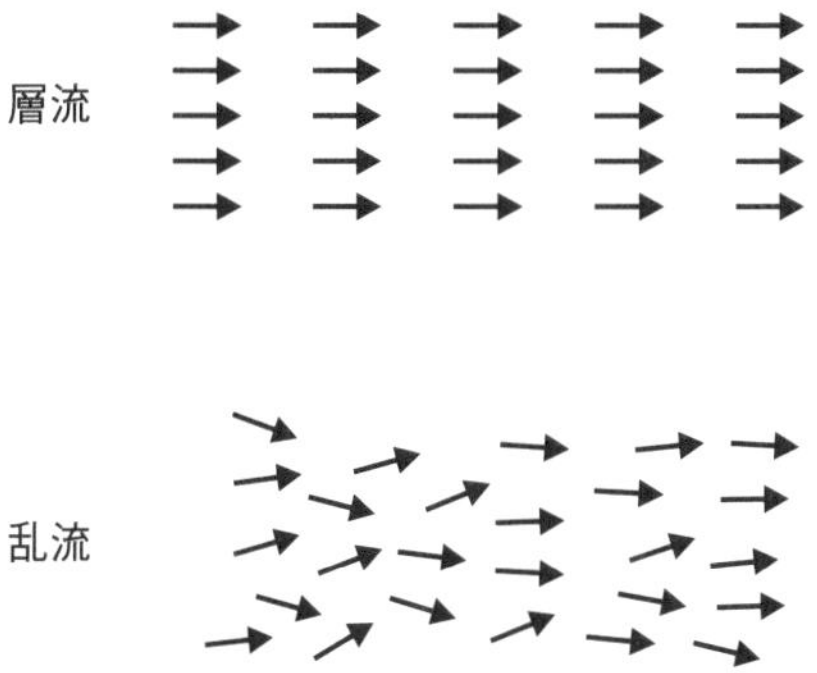

層流と乱流

流れには、**層流**と**乱流**という二つの状態があります。両者の本質的な違いは速度変動（乱れ）がないのか、あるのか、ということです。

速度変動とは、時間とともにつねに速度が変化することで、変化の仕方は場所ごとに違っています。流れは、潜在的に不規則に乱れようとする性質を持っているのです。

一方、流体には粘性（項目2、20ページ）という性質があり、流体が変形するときの抵抗となります。粘性には、それぞれの流体の分子が勝手に動き回るのを抑えるはたらきがあります。

速度が小さく、粘りが強い（粘度が大きい）ときほど粘性の影響は強く現れ、乱れが抑えられて**層流**となります。逆に、速度が大きく、粘りが弱い（粘度が小さい）ときほど乱れが発生しやすく、**乱流**になります。

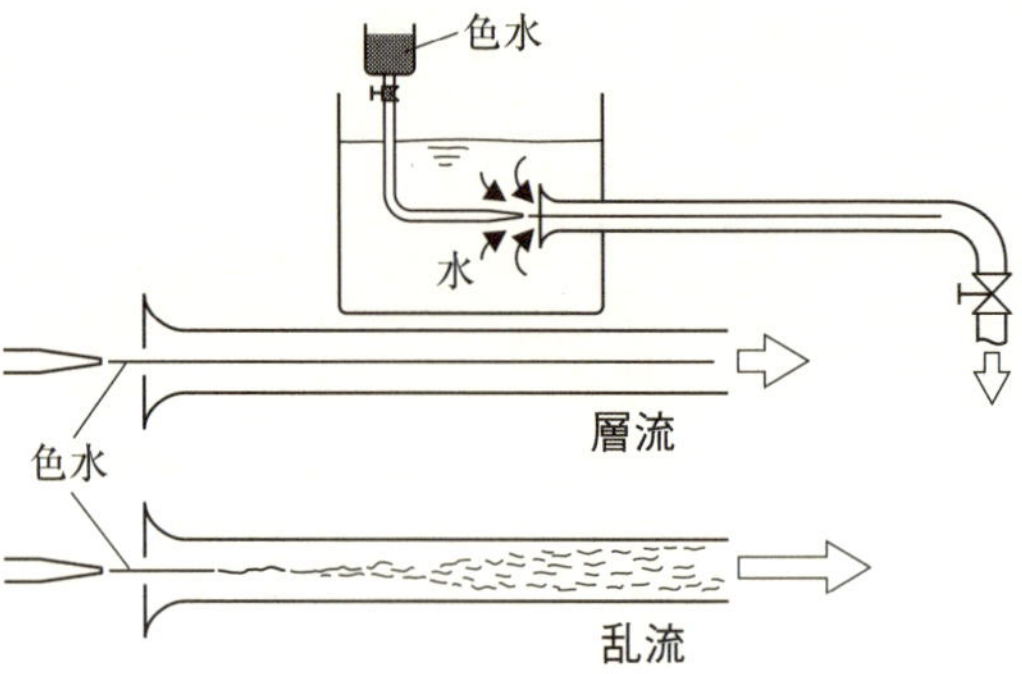

レイノルズの実験

層流と乱流に関しては、有名な**レイノルズの実験**があります。一八八〇年代、イギリスのオズボーン・レイノルズは、パイプの中に水を流し、その中心に色水を注入する実験を行いました。

流れが遅いときは、色水は広がらずにほぼ一本の線になって流れました。このときのパイプ内の流れは層流で、まったく乱れがなく、整然と流れていました。

少しずつ水の流れを速くしていくと、あるとき急に色水が乱れて、パイプ内に広がって流れるようになりました。このときの流れが乱流で、水がつねに乱れながら流れた結果、この乱れによって色水も急速に広がったのです。

このことから、流れへの粘性の影響は、ねばりの強さ（粘度）だけではなく、流速によっても変わることがわかります。

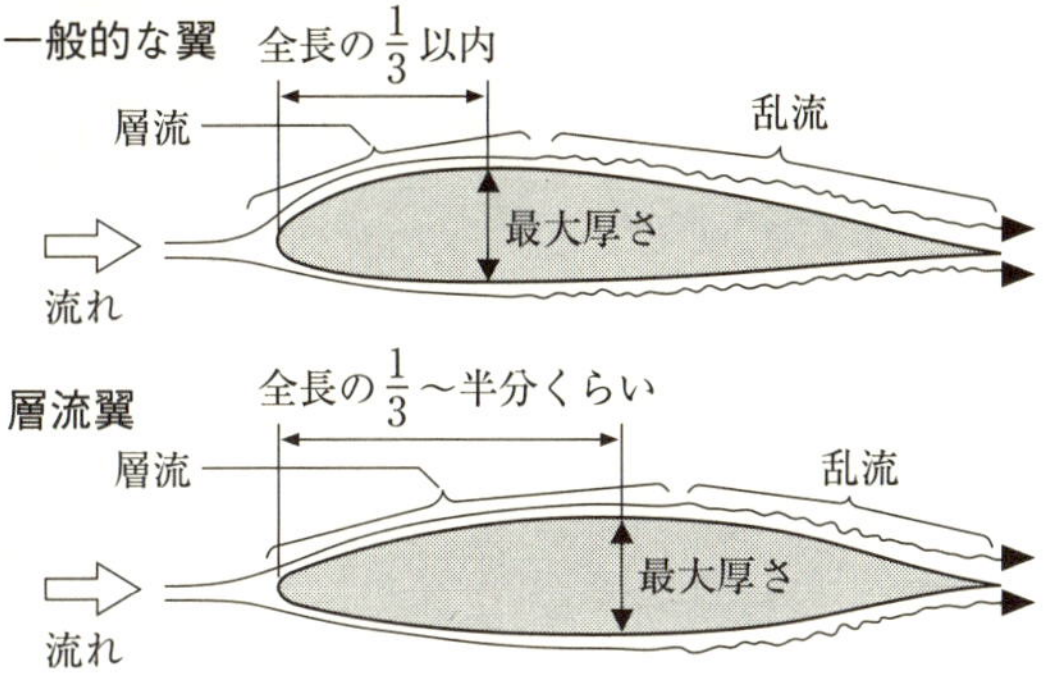
一般的な翼
全長の$\frac{1}{3}$以内
層流
乱流
最大厚さ
流れ
層流翼
全長の$\frac{1}{3}$〜半分くらい
層流
乱流
最大厚さ
流れ

一般的な翼と層流翼

「やってみよう」では、煙が線香から出た瞬間は乱れがなく、層流となっていました。しかし、ある距離だけ上昇すると、流体本来の乱れやすいという性質が現れて乱流に変わったのです。どんなにがんばってまわりを無風状態にしても、やはり乱流になってしまいます。

物体表面に沿う流れも同様で、流れが物体にあたった直後は必ず層流となります。しかし、物体に沿って流れていく途中で、乱流に変わります。

一般的な翼では、前部三分の一くらいまでで翼の厚さを最大にしています。これに対して、「どう役立つ？」の層流翼では、最大厚さの位置を翼の中央寄りにずらしています。一般に、最大厚さの位置まででは、乱流にならずに層流の状態に保たれます。層流翼では、摩擦抵抗の小さな層流の領域が広くなり、小さな抵抗に抑えられるのです。

14 キャビテーション

圧力を低くすると水の沸騰する温度が下がってきます。このときの現象をキャビテーションといって、室温でも水を沸騰させることができます。

やってみよう

1

透明なホースを用意し、蛇口に取り付けます。ホース止めなどでしっかり固定してください。

2

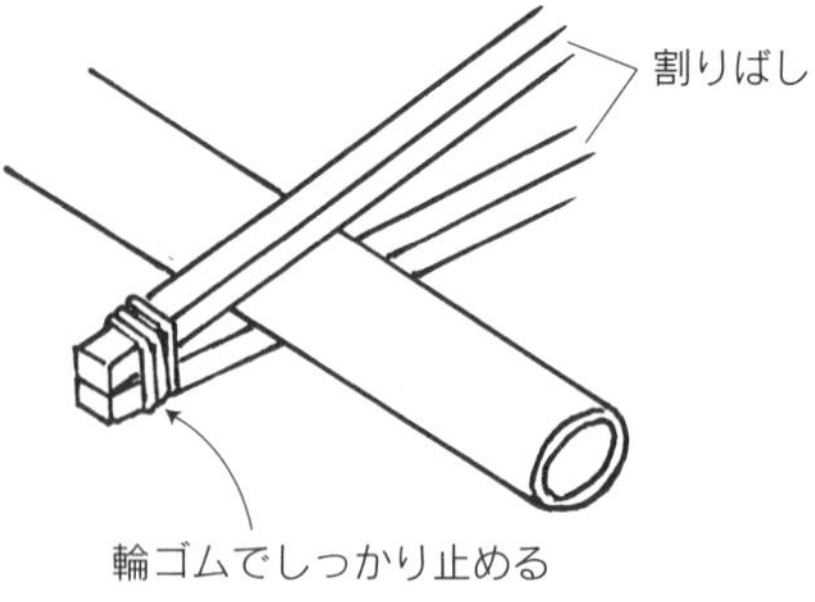

割りばしの片側を輪ゴムで止め、ホースをはさみます。

3

少ない流量

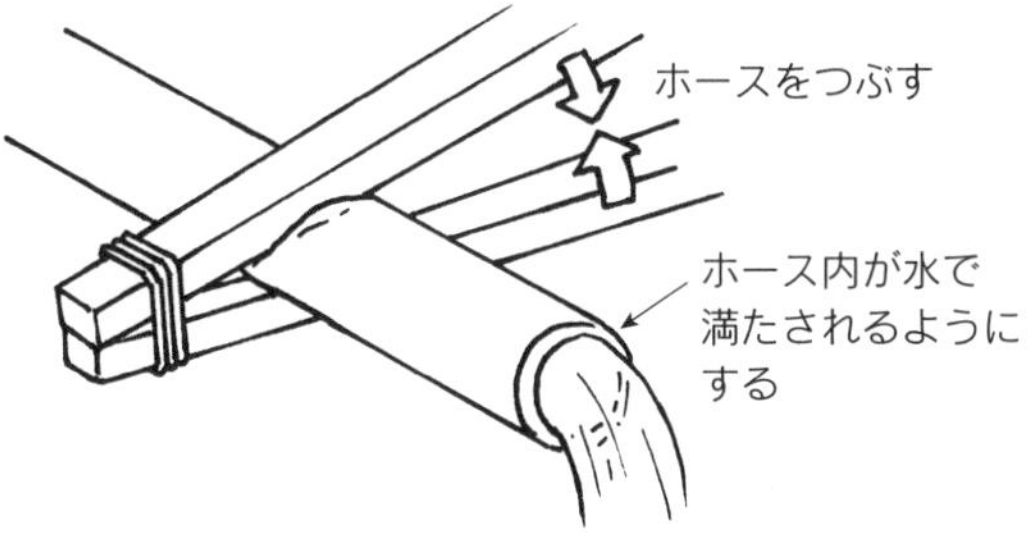
ホースをつぶす
ホース内が水で
満たされるように
する

割りばしでホースをつぶし、蛇口を少し開けてください。水の通り道ができるだけ細くなるように調整します。

4

多い流量

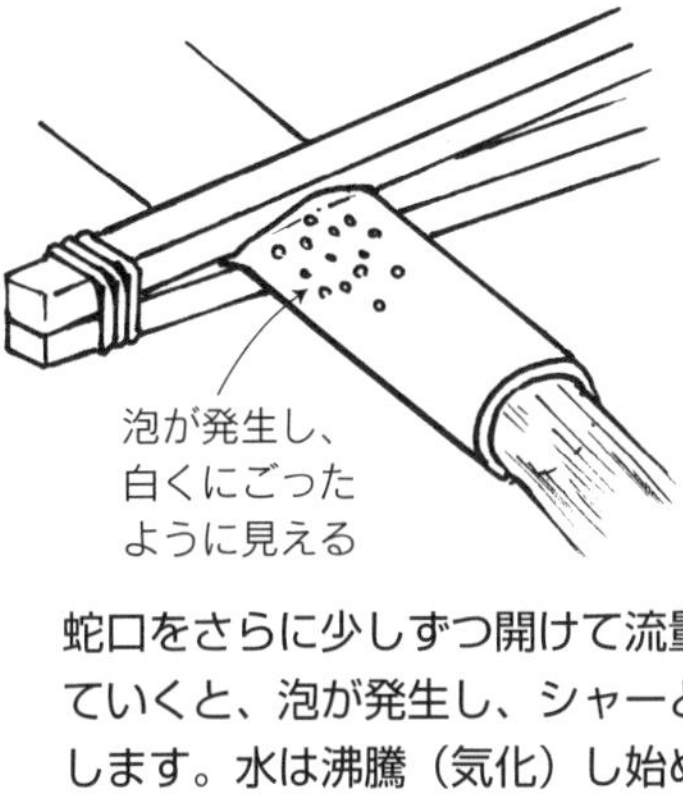
泡が発生し、
白くにごった
ように見える

蛇口をさらに少しずつ開けて流量を増やしていくと、泡が発生し、シャーという音がします。水は沸騰（気化）し始めました。

どう役立つ?

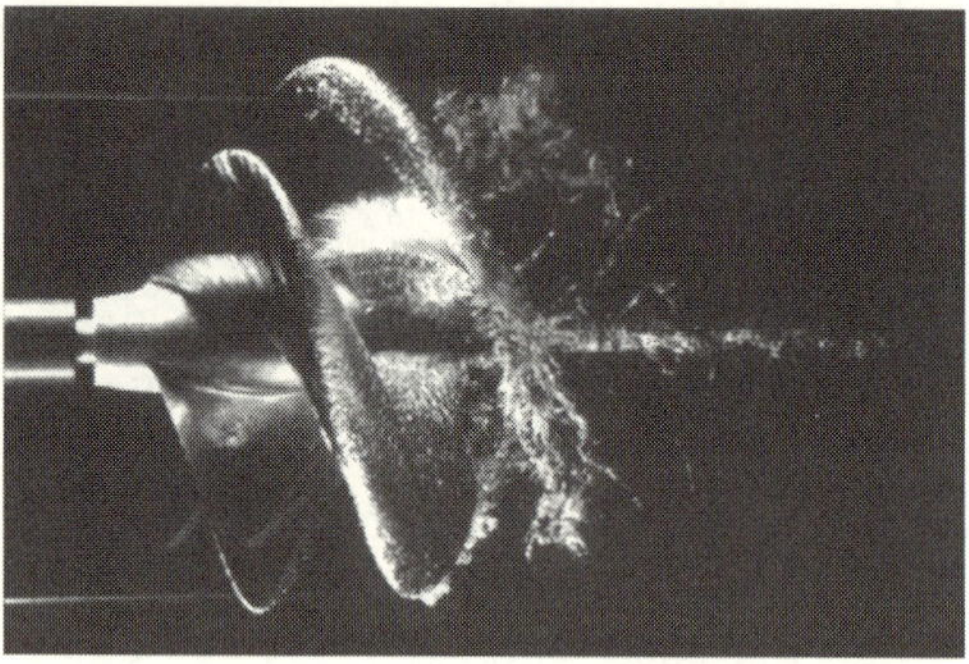

船のスクリューのキャビテーション

(『写真集 流れ』日本機械学会編 丸善より)

船はスクリューを速く回転させるほど速く進むことができます。しかし、欲張って速く回してもあるところで限界になります。速く回転させすぎると、スクリューに接した水の圧力が部分的に低くなり、そこで水の気化(沸騰)が始まります。いったん気化が始まると、スクリューで水を押し出す能力が急に下がり、推進力は下がってしまいます。そればかりでなく、スクリューにダメージを与え、事故につながることもあるのです。

「やってみよう」で蛇口を開けていき、ある流速に達すると気泡が発生したのと同じように、スクリューもある回転数に達すると水の気化が始まり、気泡が発生します。

このような現象を**キャビテーション**といいますが、船のスクリューの開発では、キャビテーションを防ぐため、多くの研究成果が役立っています。

タネあかし

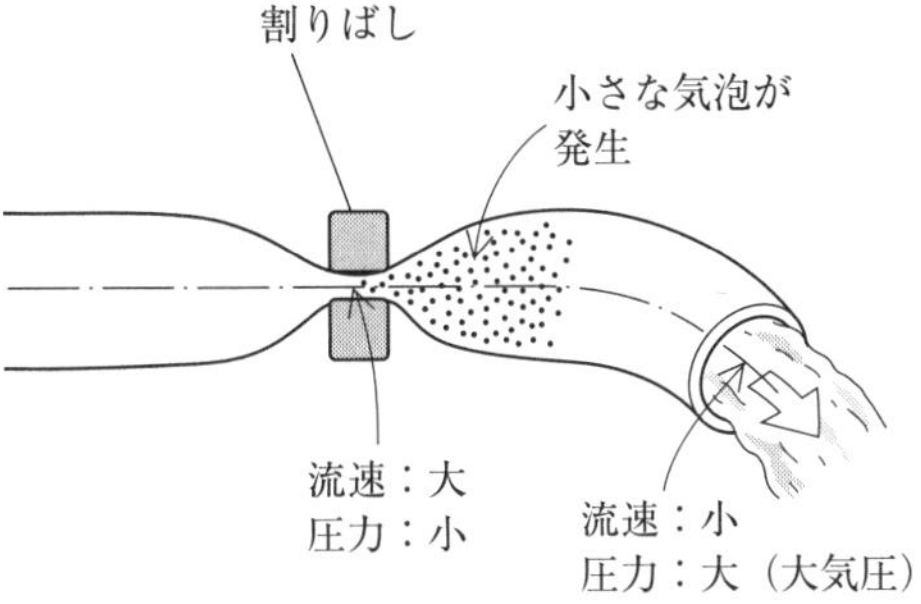
割りばし
小さな気泡が発生
流速：大
圧力：小
流速：小
圧力：大（大気圧）

キャビテーション

液体は、圧力が下がるほど一つひとつの分子が自由に動きやすくなり、気化しやすくなります。液体が気化を始める圧力を**飽和蒸気圧**といいます。たとえば、二〇度Cの水の飽和蒸気圧は二三三八パスカル（一気圧のおよそ二・三%という非常に低い圧力）であり、この値より低い圧力になると気化を始めます。

また、富士山など高い山の上で、水の沸点が一〇〇度Cより下がるのも同じ原理です。

「やってみよう」で、ホースをつぶしたところでは流速が大きくなります。ここでは、水の運動エネルギーが増加する分だけ圧力が下がります（理由は項目18）。蛇口を開けて流速を上げていくと、圧力の減少も大きくなり、やがて気化を始め、キャビテーションが起こりました。白くにごったように見えたのは、水が気化した泡のせいです。

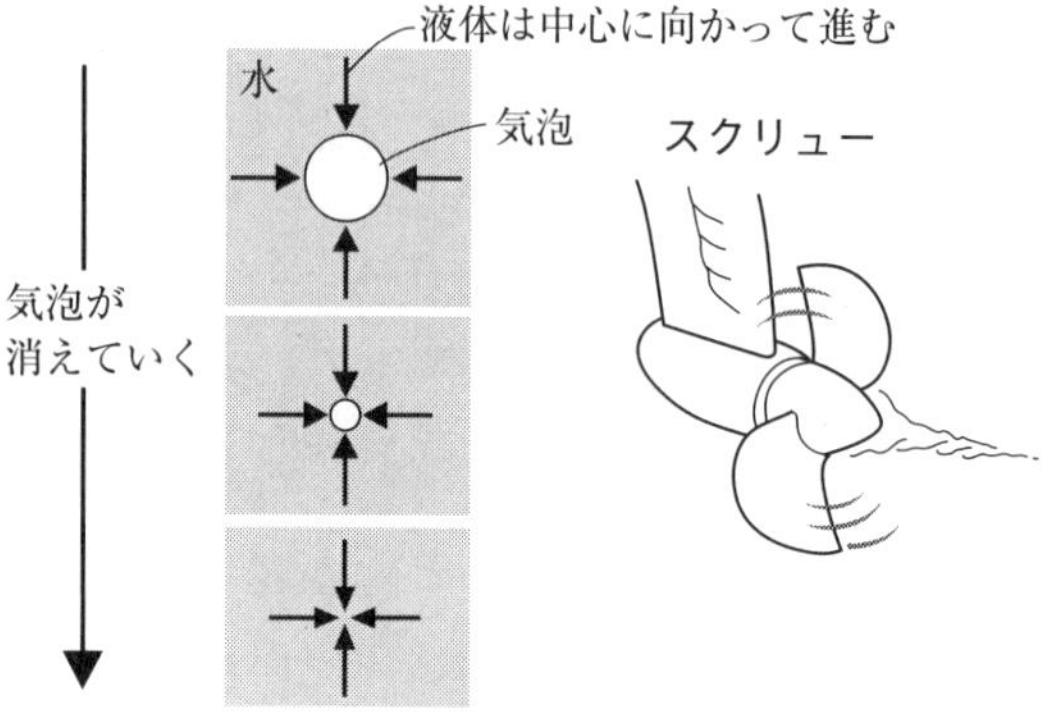

キャビテーション気泡の消滅

船のスクリューでも、ある回転速度以上になると、局部的に水が飽和蒸気圧以下となり、そこでキャビテーションが起こります。気泡が発生すると、スクリューから水へ力を伝えることができなくなり、船の推進力が出なくなります。

これ以外にも、キャビテーションは悪い影響をもたらします。圧力が低いところで局部的に発生した気泡は、圧力の高いところに移動すると液化が進み、やがて気泡の消滅が起こります。このときが問題です。気泡が小さくなるとき、まわりの液体は中心に向かって進んでいき、消える瞬間に反対側から進んできた液体と衝突します。衝突によって液体の圧力は瞬間的に非常に高くなり、まわりの物体にダメージを与えます。継続してキャビテーションが起こると、物体の表面が削り取られ、壊れてしまう場合があります。これを**壊食**《かいしょく》といいます。

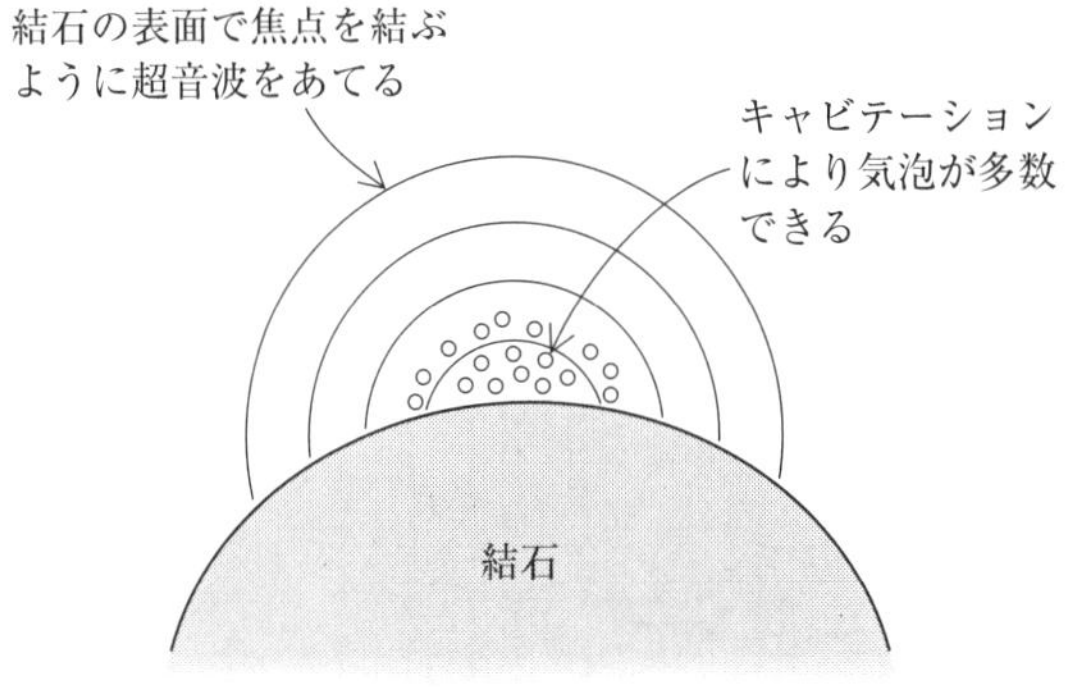
結石の表面で焦点を結ぶ
ように超音波をあてる
キャビテーション
により気泡が多数
できる
結石

結石治療への利用

このように、キャビテーションは機械に悪影響をもたらすことが多い現象です。高層ビルに水を上げるためのポンプなど、液体を扱う機械はキャビテーションが起こらないように細心の注意を払って設計されています。

しかし、キャビテーションは悪影響をもたらすだけではありません。たとえば、非侵襲医療（体を切り開かず、体にものを入れない治療法）の分野で、結石治療などへの効果的な応用が考えられます。

胆嚢《たんのう》や尿管に固形成分ができてしまうのが結石です。結石の表面で焦点を結ぶように、体外から超音波をあてます。すると結石付近で大きな圧力変動ができ、キャビテーションが起こります。発生した気泡が消える瞬間に生じる、非常に大きな圧力を利用して、結石表面から粉々に削り取っていくという方法です。

15 加速度運動1

コップの水を運ぶとき、気をつけないとこぼれます。でも流体の性質を知っていれば、うまく運ぶ方法があることがわかります。

やってみよう

1

カップを持ちながら歩くと水がこぼれる
カット
水

ペットボトルの上をカットしてコップを作り、これに水を入れて運んでみましょう。気をつけないと水がこぼれます。

2

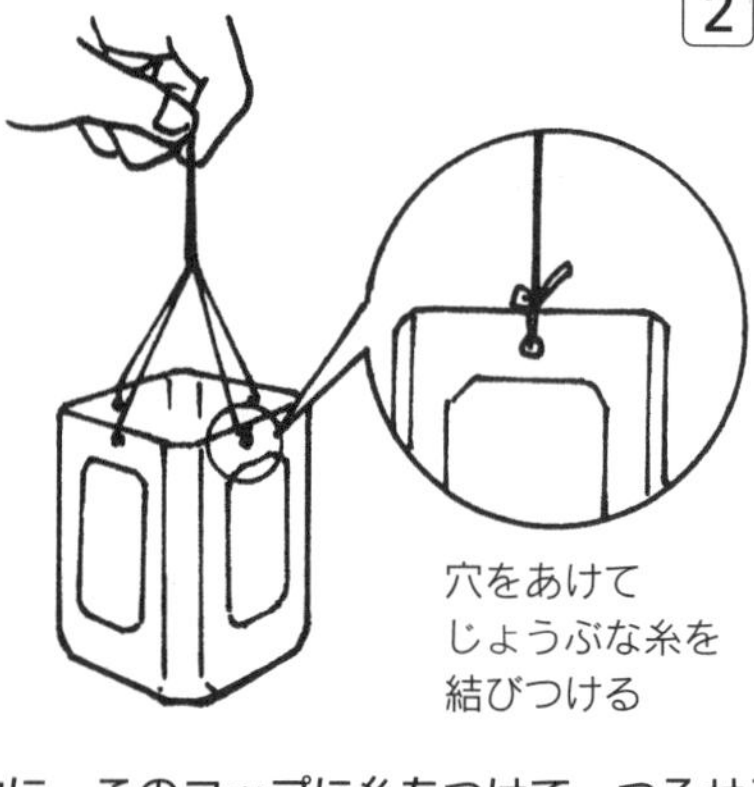
穴をあけてじょうぶな糸を結びつける

次に、このコップに糸をつけて、つるせるようにします。

3

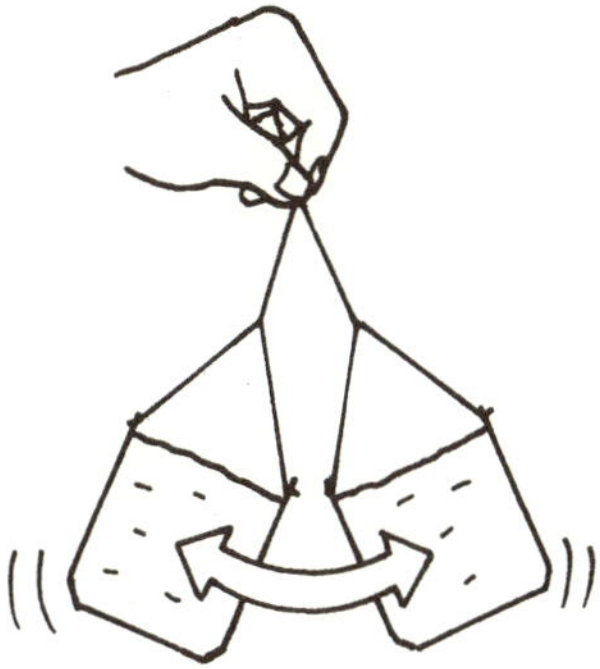

これに水を入れて運んでみると、少しくらい揺れても水はこぼれません。

4

グラウンドなどで、糸でつるしたコップを持った人と手でコップを持った人で競走してみると、もっと違いがわかります。

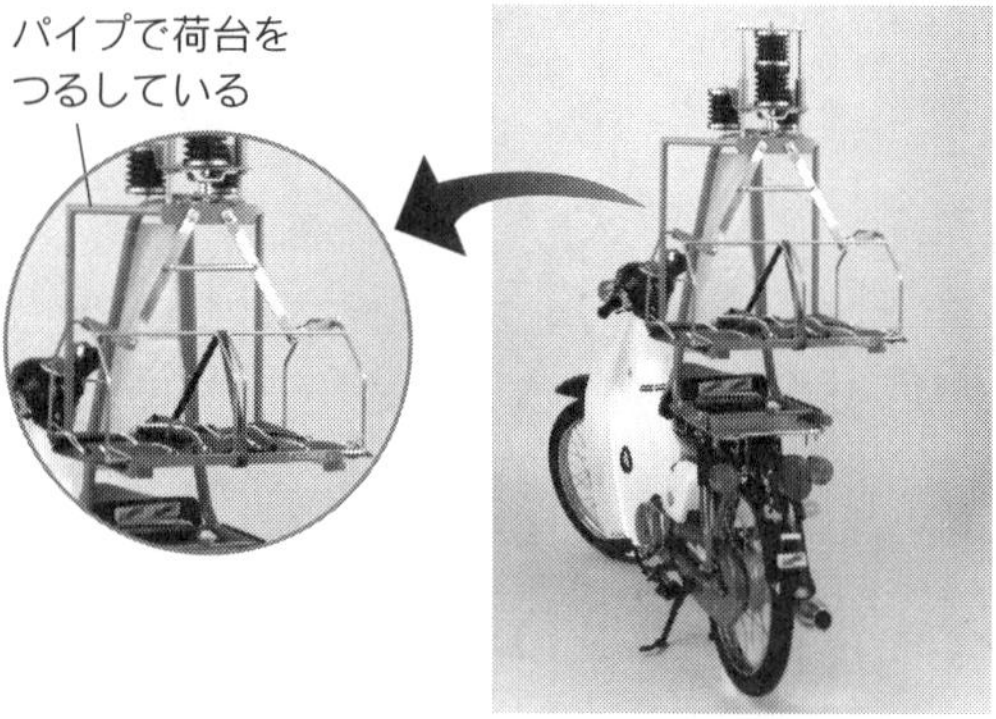
パイプで荷台を
つるしている

そばなどの出前機　（写真提供／マルシン）

ラーメンやそばの出前用オートバイの荷台には、ちょっとしたくふうがされています。まず、荷台が振動しても食べ物がくずれないこと。また、振動しないこと、つゆがこぼれないことです。

その秘密の一つが、荷台をつるしていることです。「やってみよう」のコップと同じように、容器をつるしておくと中の液体はこぼれにくくなります。流体を動かし始めたり、運動の向きを変えたり、運動を止めたりするときに、流体は加速度運動（速度が変化する運動）をしています。このような場合、加速度の影響で水面が傾きますので、何もしないと液体がこぼれてしまいます。しかし、つるすことによって、自然と容器もちょうどよい方向に傾きます。「やってみよう」や出前用の荷台で液体がこぼれにくいのは、水面の動きにうまくついていけるからなのです。

タネあかし

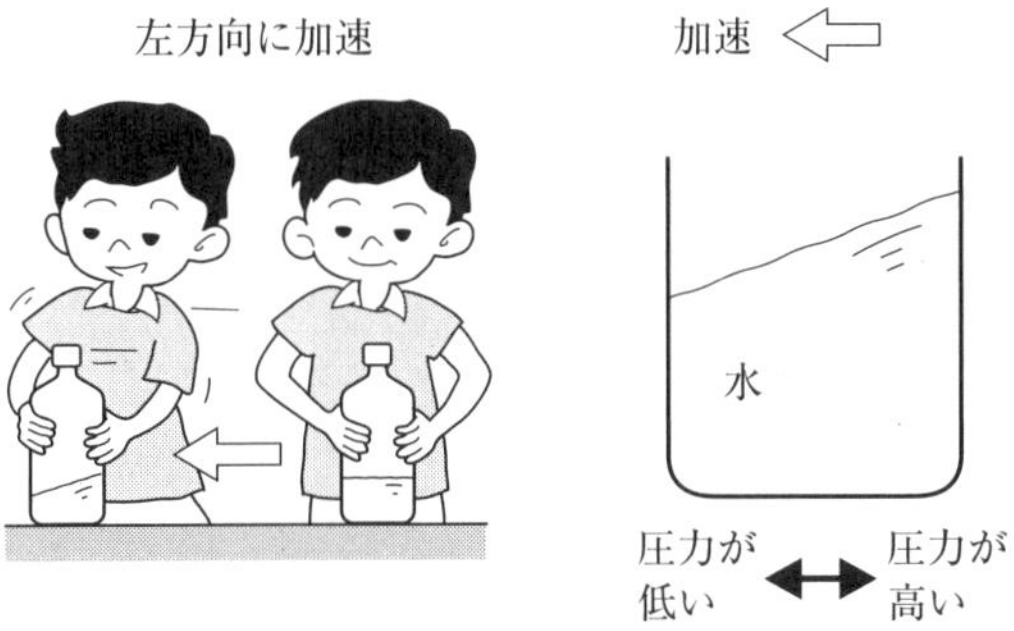
左方向に加速
加速
水
圧力が低い
圧力が高い

加速したときの容器内の水

図のような、水の入った容器を左方向に動かし始める場合を考えてみます。容器は左向きに動き始めますが、中の水は慣性により元の位置に残ろうとします。そのため、水の一部が容器の右側に押されて、水面は右側ほど高くなります。

項目７（41ページ）で述べたように、水は深いところほど圧力が高くなるので、容器の底の方で考えれば、右側ほど圧力が高く、左側ほど低くなっていることがわかります。

ためしに、ペットボトルに水を入れてふたをし、水平な台の上を動かしてみましょう。コツは、はじめはゆっくりと加速していくことです。加速度が一定であれば（一定の割合で速度を大きくしていくと）、水面は揺れずに一定の傾きを保ちます。少し練習すればうまくできるようになります。加速度が大きいときほど、水面の傾きはきつくなります。

電車が動き始めると
慣性力を受ける

動き出す電車と慣性力

加速度と水の傾斜の関係を正確に調べるために、慣性力という考え方を使ってみます。物体を加速度運動させるとき、物体と同じ速度で運動しながら(あるいは物体に乗って)観察すると、加速度と反対方向に慣性力という見かけの力がはたらきます。

このことは、電車に乗っている場合を考えるとわかりやすいと思います。電車が動き出すと、電車に乗っている人は進行方向と反対向きに力を受け、後ろに倒れそうになります。このときの後ろ向きの力を慣性力といいます。一定速度で走っている電車が止まるときには、逆に加速度は後ろ向きに、人には進行方向に力がはたらきます。

つまり、慣性力は加速度の方向と逆にはたらきます。そして、その大きさは、

(慣性力の大きさ) = (質量) × (加速度)

となります。

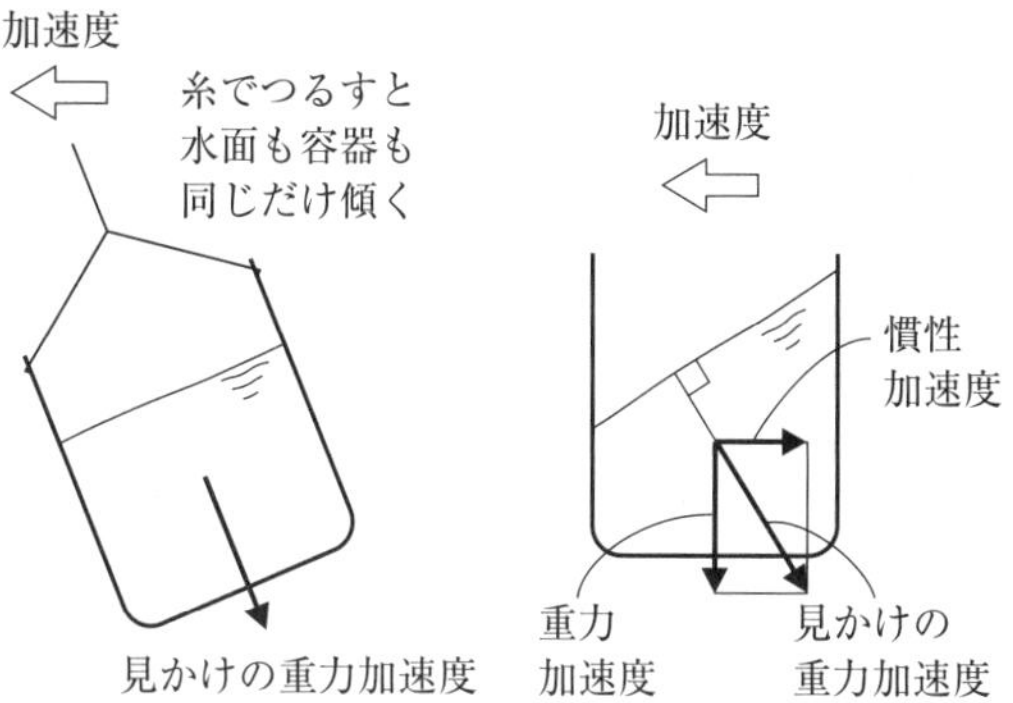
加速度
糸でつるすと
水面も容器も
同じだけ傾く
見かけの重力加速度
加速度
慣性
加速度
重力
加速度
見かけの
重力加速度

見かけの重力加速度

流体の場合も同様に、加速度運動をしているときはこれと反対向きに慣性力がはたらきます。流体は固体と違って質量がはっきりとはわかりにくいので、加速度だけを取り出して、加速と逆方向に慣性加速度（流体の加速度と同じ大きさで向きが逆）を受けていると考えます。右図のように、この慣性加速度と重力加速度を合成したものを「見かけの重力加速度」とみなします。

たとえば、容器を左方向に加速する場合、見かけの重力加速度は右方向に傾きます。水面はこれと垂直に、つまり右側が高くなります。

「やってみよう」でコップを糸でつるしたとき、コップ、糸、水すべてに、この「見かけの重力加速度」が作用すると考えられます。糸とコップは「見かけの重力加速度」の方向、水面はこれと垂直になり、水がこぼれにくくなるのです。

16
加速度運動2

液体を加速するとき、中の気泡はふしぎな動きをします。これは、液体の中にできる圧力の差によって起こります。

やってみよう

1

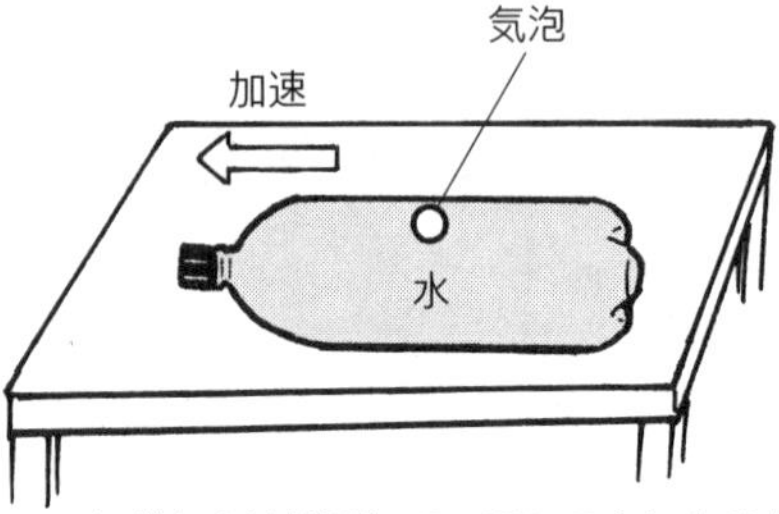

ペットボトルは側面にでこぼこのないものがよい

ペットボトルを水で満たし、気泡を少し残します。テーブル上でスライドさせると、気泡はペットボトルよりも速く動きます。

2

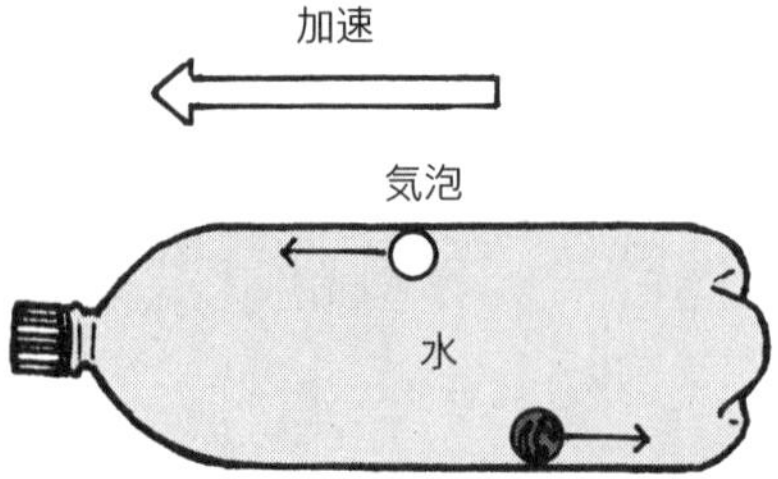

ビー玉は右へ動く

次に、ビー玉など、水よりも重い球をペットボトルに入れて、同じことをしてみましょう。どうなりますか？

3

電車が動き出すとき、風船は前に傾く

進行方向
人は
後ろに
傾く

ヘリウム入りの風船を持って電車に乗ることがあれば、動き始めるときに風船がどちらに傾くか、確かめてみましょう。

4

電車が止まるとき、風船は後ろに傾く

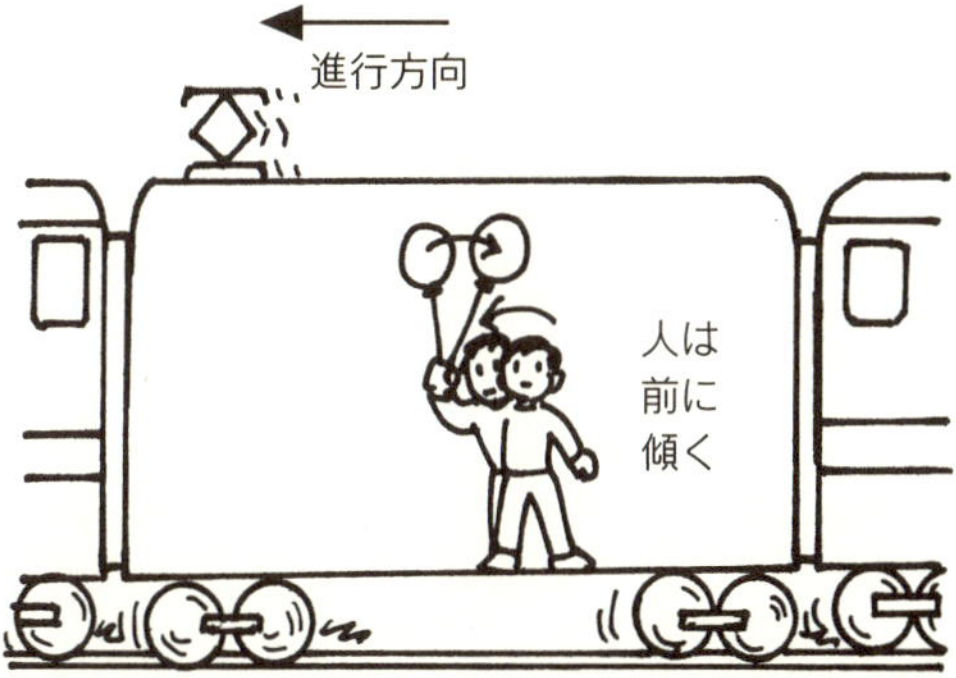
進行方向
人は
前に
傾く

電車が止まるときはどうでしょうか。風船は、つり革や人が傾くのと反対方向に傾きます。

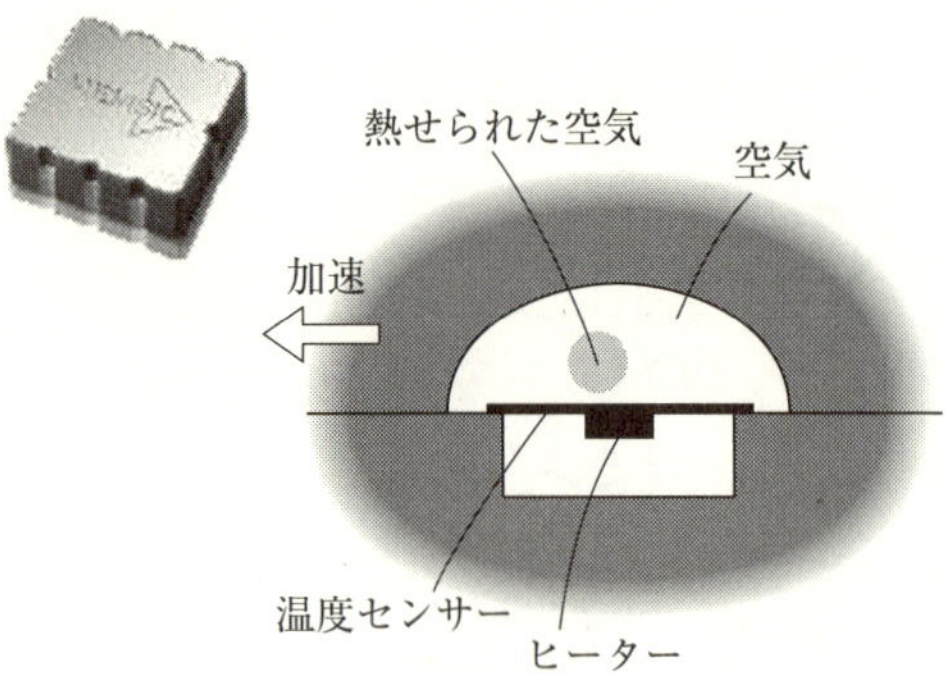

加速度センサー　（写真提供／マクニカ）

「やってみよう」の気泡の動きは、中の水の加速度運動が原因です。気泡はまわりの水より軽い（密度が小さい）ため、加速度の方向に移動しました。この原理を利用した加速度センサーがあります。

図のように、センサーの内部に作られた空気室の中心をヒーターで加熱します。ヒーターの四方には温度センサーを張っておき、温度分布を測ります。センサーを加速度運動させると、ヒーター付近の熱せられた空気（まわりの冷たい空気よりも軽い）が加速度の方向に移動し、温度分布が変化します。その変化から加速度を求めるというものです。

このセンサーは衝撃に強く、大きさは五ミリ四方、厚さ二ミリ程度の小さなものです。たとえばノートパソコンに内蔵して、衝撃が加わったときにハードディスクを停止させ、ハードディスクの損傷を防ぐという目的で使用することもできます。

タネあかし

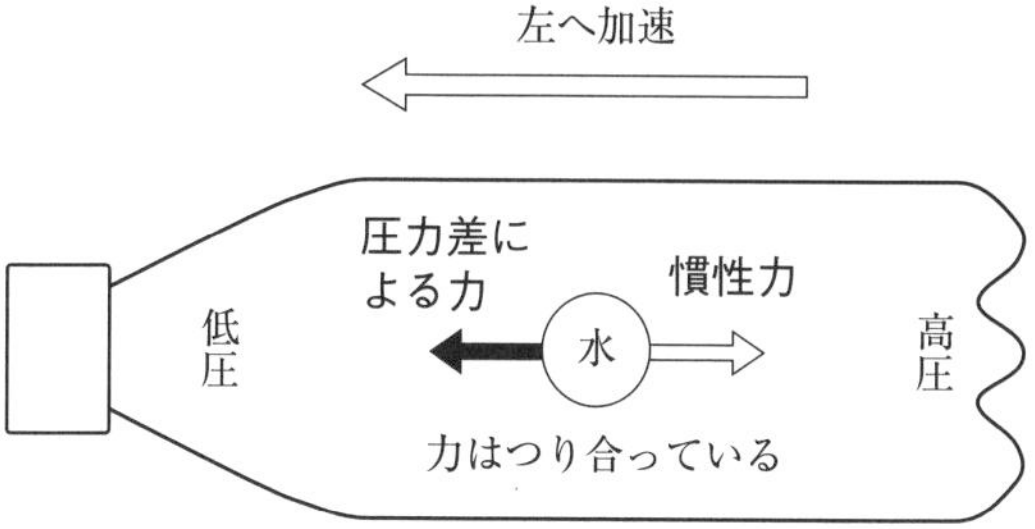
左へ加速
圧力差による力
慣性力
低圧
水
高圧
力はつり合っている

ペットボトルを加速する（水だけの場合）

項目15で説明したように、流体を加速させると、流体に圧力差ができます。

一つめの「やってみよう」では、ペットボトルを加速すると、加速に対して後ろ側は慣性力（加速時にはたらく加速度と反対向きの力）によって押され、水の圧力は高くなります。逆に前側では圧力は低くなります。中が水だけであれば、水にはたらく慣性力と前後の圧力差による力がつり合って、特別変わったことは起きません。中の水は均一に加速され、ペットボトル内で流れが発生することはありません。

しかし、水の中に気泡が残っている場合はどうでしょう。全体の水には慣性力がはたらき、水だけの場合と同じように前後に圧力差ができます。ところが、気泡は水よりも密度（＝質量÷体積）が小さく、同じ体積の水よりも質量は小さくなります。そのた

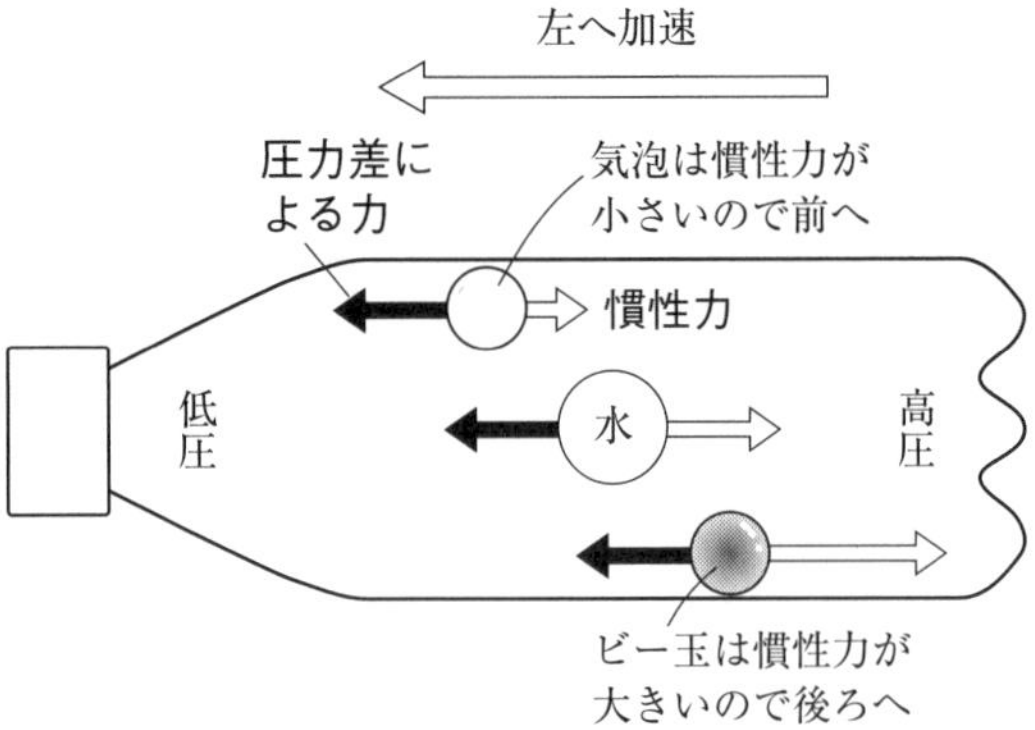
左へ加速
圧力差による力
気泡は慣性力が小さいので前へ
慣性力
低圧
水
高圧
ビー玉は慣性力が大きいので後ろへ

ペットボトルの中の気泡とビー玉

め、気泡にはたらく慣性力（大きさは質量と加速度をかけた値）は前後の圧力差による力よりも小さくなります。圧力差による力がまさり、気泡は前に移動します。

ビー玉（または水に沈む球）があれば、ペットボトルの中に気泡といっしょに入れてみてください。気泡は加速方向に、ビー玉は後ろ向きに移動します。ビー玉は同じ体積の水よりも質量が大きく、慣性力も大きくなります。慣性力が圧力差による力にまさり、ビー玉は後ろに移動します。

二つめの「やってみよう」で、電車の中の風船でも同じことが起こっています。電車が加速あるいは減速するとき、空気にはたらく慣性力によって加速度と逆の方向に圧力が高くなります。この圧力差による力がその物体にはたらく慣性力よりも大きいか、小さいかでどちらに傾くかが決まってきます。

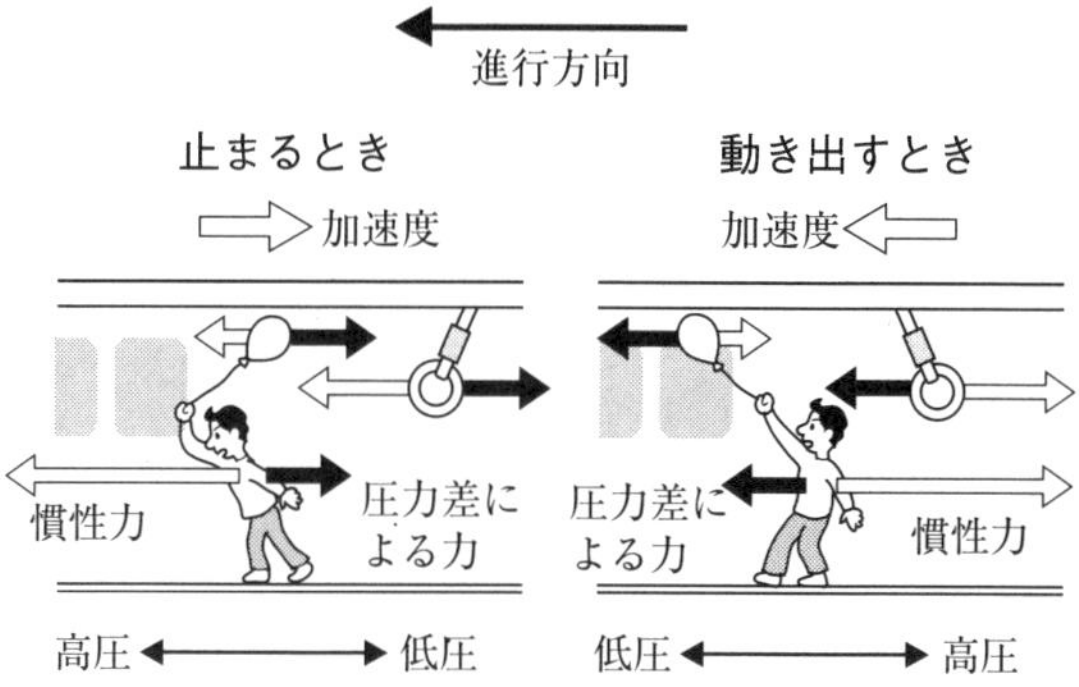
進行方向
止まるとき
動き出すとき
加速度
加速度
慣性力
圧力差による力
圧力差による力
慣性力
高圧
低圧
低圧
高圧

電車の中

空気よりも重い（密度が大きい）人やつり革、つり広告は、動き始めは後ろに、止まるときは前に傾きます。しかし、空気よりも軽い（密度が小さい）ヘリウム入りの風船では、慣性力が小さくなるので圧力差による力の方が大きくなり、動き始めは前に、止まるときは後ろに傾きます。もし、空気と同じ密度の物体があったとすれば、慣性力と圧力差による力がつり合って前後への移動はなく、まわりの空気といっしょに運動します。

私たち自身や、身のまわりにあるものはほとんど空気よりも密度が大きいので、私たちには経験的に、圧力差による力よりも慣性力の方が大きいという感覚が身に付いています。意識しなくても、加速するときには物体は後ろ向きに力を受けると思っているのです。ですから、空気よりも軽い風船の動きがふしぎに感じられたのです。

●コラム　電車の中のハエはなぜ後ろに飛ばされないの？

動き始め
後部は
高圧
ハエは平然と
飛んでいる
前部は低圧
前後の圧力差で
車内の空気も加速される

スタートする新幹線の中

新幹線が時速三〇〇キロメートルで走っていて、その中をハエが飛んでいるとします。ハエは時速三〇〇キロメートルの速さで飛んでいるわけではありません。このとき、中の空気も新幹線といっしょに時速三〇〇キロメートルで移動しているのです。

では、図のように新幹線がスタートするときはどうでしょう。中を飛んでいるハエは後ろに飛ばされるでしょうか……。じつは、ほとんど飛ばされることはありません。窓が閉まっていれば、動き出すときに空気が後ろ向きに流れることはほとんどないのです。中の空気が車内の後部で高圧、前部で低圧となり、それで慣性力とつり合います。

ハエのような小さな虫であれば、虫にはたらく慣性力は小さく、空気からの粘性摩擦（項目2、20ペ

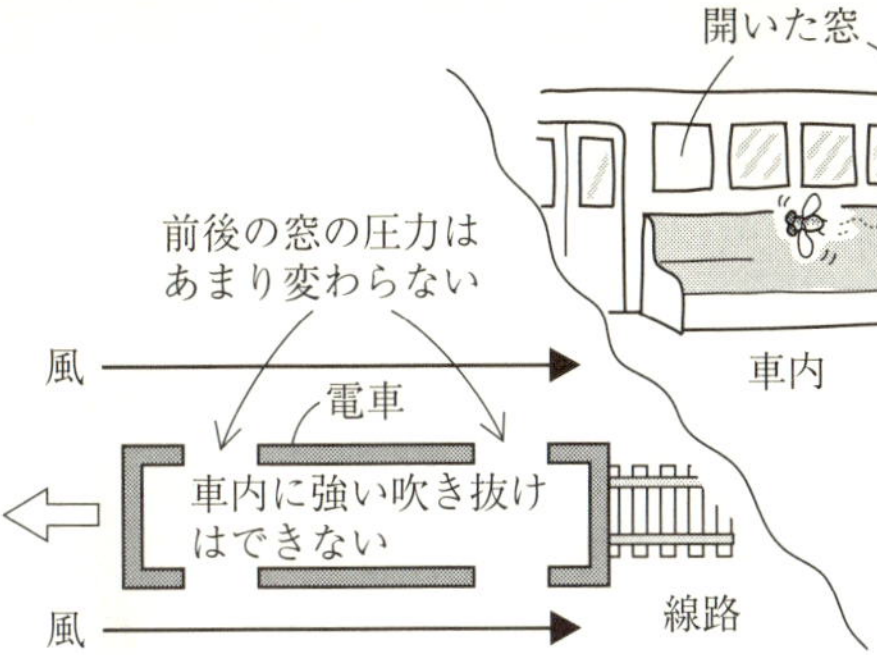

窓を開けたときの空気の流れ

ージ)を受けて空気とほぼいっしょに加速されます。スタート時でもハエは平然と飛んでいます。

次に、一定の速度で走る電車の中をハエが飛んでいる場合を考えます。ハエを追い出そうとして窓を開けたら、ハエはどうなるでしょうか(右図)。

おどろいたことに、なかなか期待通りには出ていきません。風が前から後ろに強く吹き抜けるような気がしますが、そうではないようです。空気の流れは、どうなっているのでしょう。

一定の速度で走行している場合、前と後ろの窓では大きな圧力差はできず、強い吹き抜けはできないので(左図)、ハエは車内を飛び続けることができます。まわりの風の状況によって風の通り方や強さは変わっても、電車の速度ほどの強い風が吹くことはありません。通常は、わずかに後ろから前に流れることが多いようです(つり広告が前に傾く)。

17 流体のエネルギー

流体のエネルギーとは何でしょうか？　ペットボトルから水を流出させて調べてみましょう。

やってみよう

1

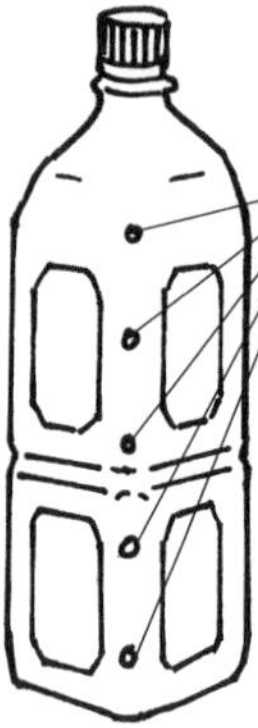
穴をあける
クリップをのばし、ペンチではさんで先端を火であぶる。熱くなった先端で、とかして穴をあけていく

ペットボトルの側面にいくつか穴をあけます（熱くなったところを手でさわらないように注意してください）。

2

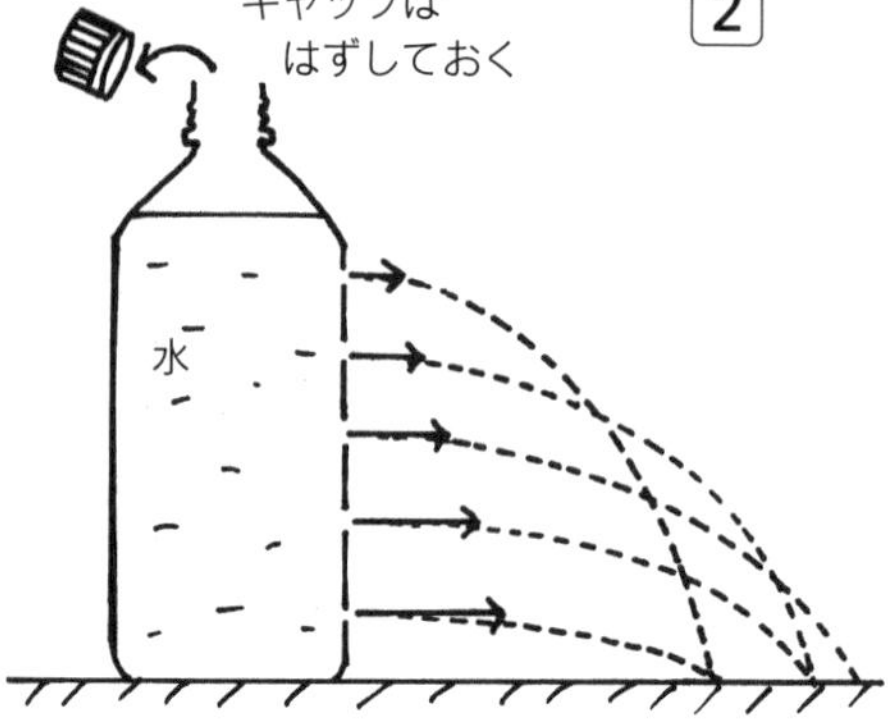
キャップははずしておく
水

これに水を入れて、穴から水が出てくるようすを観察してみましょう。下の穴ほど勢いよく流れ出しています。

どう役立つ？

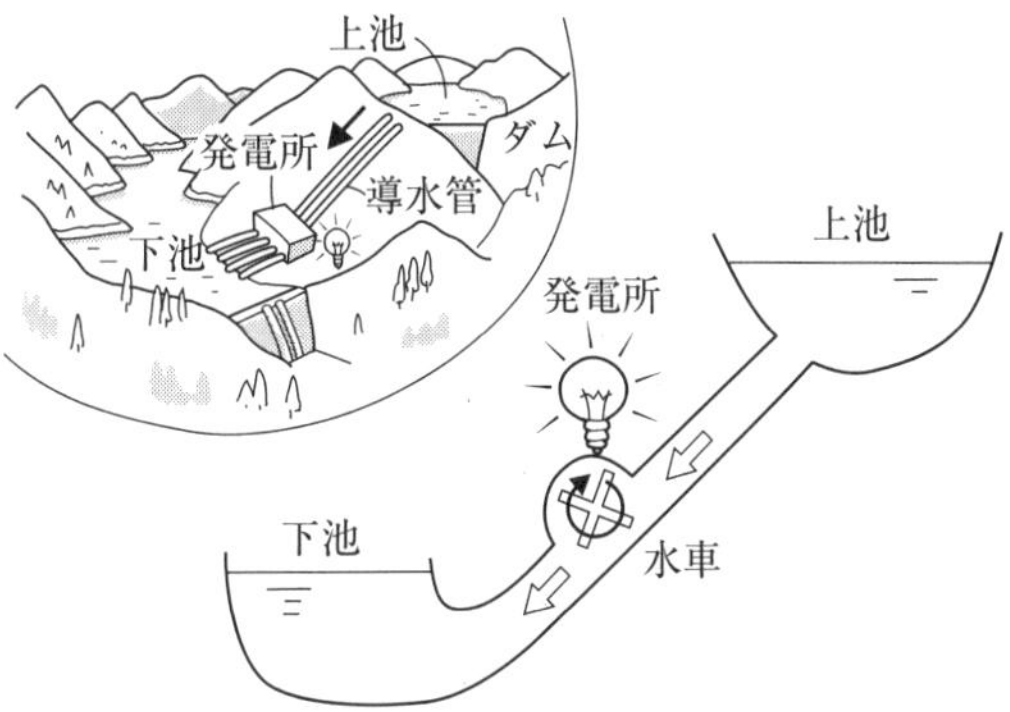

水力発電

　水力発電で使われているダムは、水をせき止めて水面を高くすることによって、水のエネルギーをたくわえています。水面が高いほど利用できる水のエネルギーは大きくなります。これは「やってみよう」で、水面と穴の高さが離れているほど、水が勢いよく流れ出したのと同じ原理です。

　図は水力発電のようすを示したもので、ダムでせき止めて貯水池の水位を高く（位置エネルギーを大きく）しています。この水を導水管で低い位置にある水車まで引いてきます。水車の位置では低くなった分だけ、元の大きな位置エネルギーが水の圧力のエネルギーと運動エネルギーに変わっています。これを利用して、水車の羽根車を回転させ、エネルギーを取り出しているのです。「やってみよう」でも、水面における位置エネルギーが穴では運動エネルギーに変わっています。

タネあかし

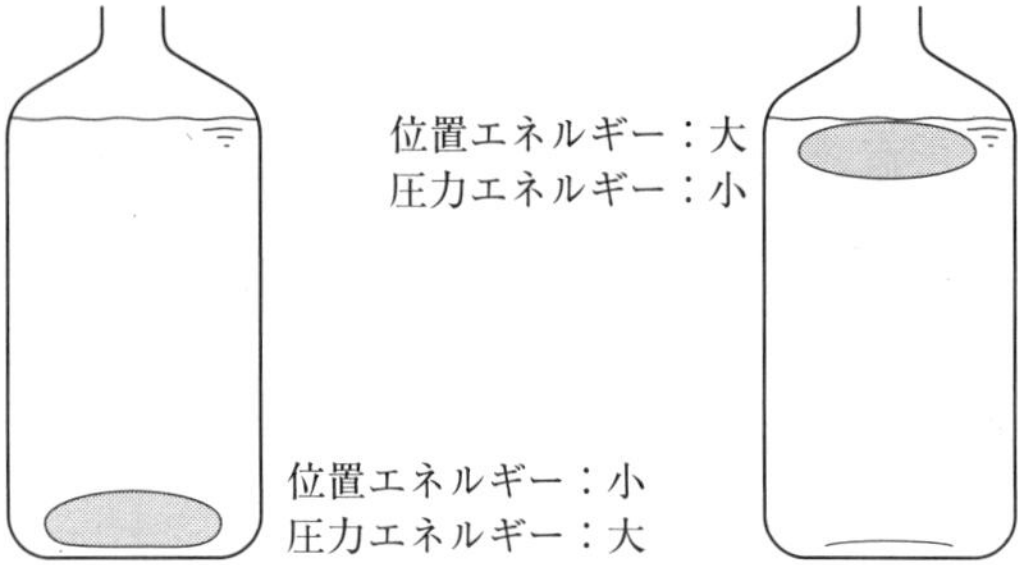

流体のエネルギー

流体のエネルギーには、位置エネルギー、圧力のエネルギー、運動エネルギーなどがあります。ここでいう**エネルギー**とは、**仕事**をできる能力を表しています。この仕事とは、人がはたらく仕事とは違い、物理的に物体に力を加えて移動させることをいっています。

流体の**位置エネルギー**とは、流体の高さによるエネルギーです。物体でも同じで、高いところにあること自体がエネルギーを持っていることになります。「やってみよう」では、水面付近にある水はその高さによって、大きな位置エネルギーを持っていることになるのです。

圧力のエネルギーは、圧力による仕事の大きさを表します。「やってみよう」では、ペットボトルの底付近では水の高さは低いのですが、その分だけ、水圧が高くなり、圧力のエネルギーが大きくなって

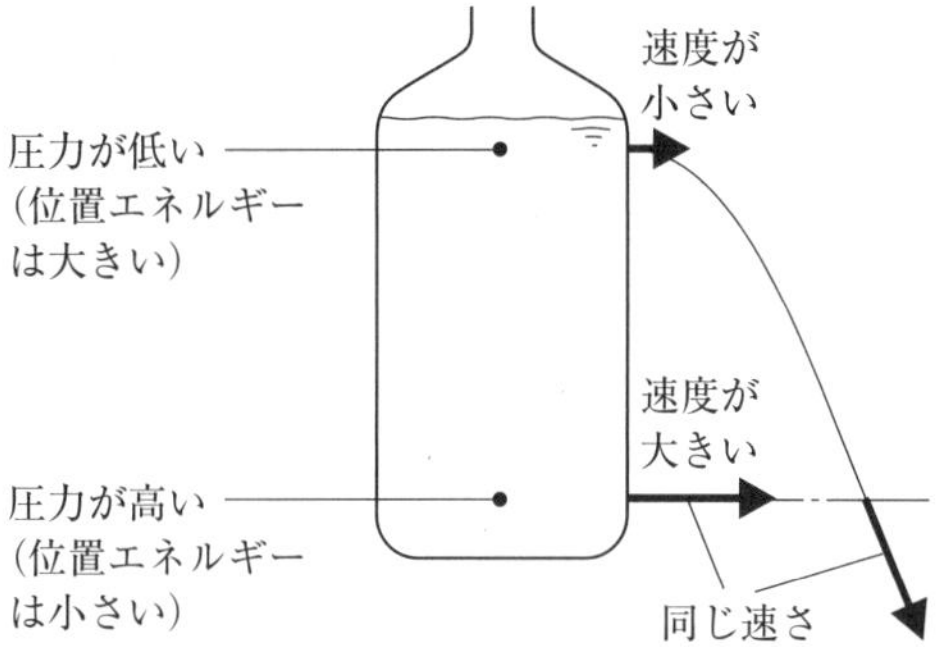
速度が
小さい
圧力が低い
(位置エネルギー
は大きい)
速度が
大きい
圧力が高い
(位置エネルギー
は小さい)
同じ速さ

ペットボトルからの水の流出

います。水面付近の水（位置エネルギーが大きい）と、持っているエネルギーの形態は変わりますが、その合計の大きさは同じです。

運動エネルギーは物体の運動エネルギーとまったく同じで、速度の二乗に質量をかけ、二で割った値です。速度が大きいほど運動エネルギーは大きくなります。「やってみよう」で穴から流出している水は、ペットボトルの穴を出るときに、位置エネルギーから変化した内部の圧力エネルギーが運動エネルギーに変わっています。低い位置にある穴ほど内側の水圧が高いので、それが変換された運動エネルギーが大きく、勢いよく流出します。

また、上の穴から出た瞬間の水の速度は小さいのですが、位置エネルギーが運動エネルギーとなるため落下とともに加速し、下の穴の高さを通過する瞬間には下の穴から出る瞬間の水の速さと一致します。

18 ベルヌーイの定理

流体のエネルギーにはさまざまな形態がありますが、それらの関係を表したものがベルヌーイの定理です。

やってみよう

1

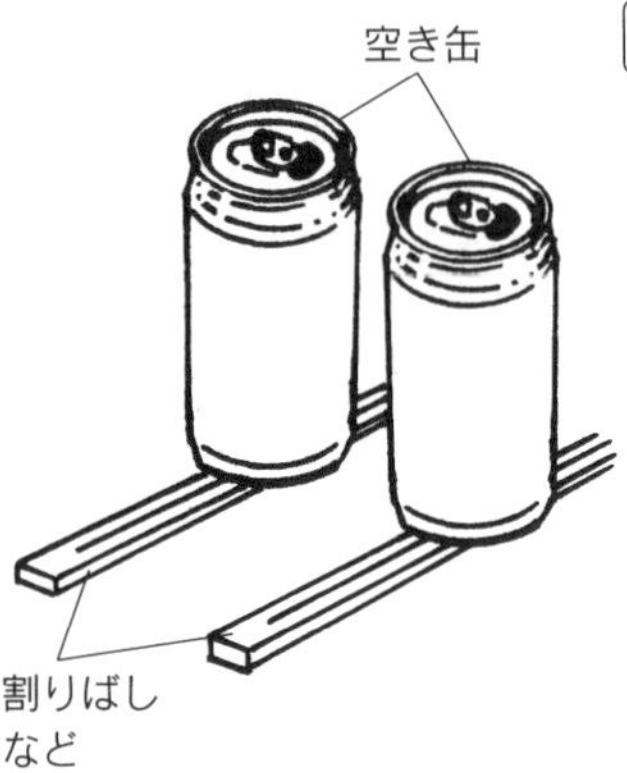

割りばし 2 本を平行に並べ、それぞれに空き缶を乗せます。

2

2 つの空き缶の間を吹いてみてください。ふしぎなことに空き缶は内側に倒れます。

3

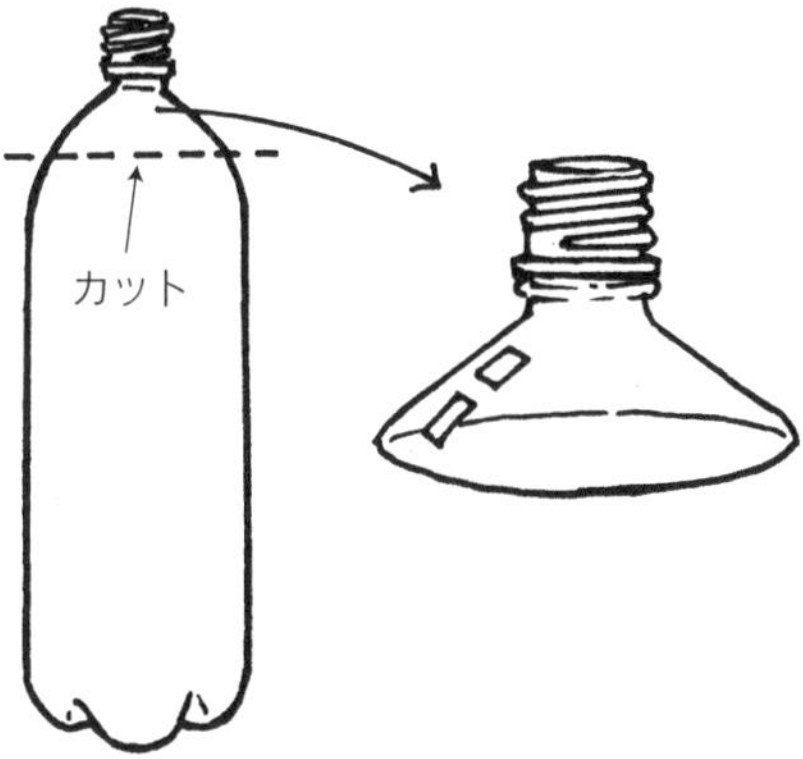
カット

次に、断面が丸いペットボトルを用意して、カッターなどで図のように下をカットします（手を切らないように注意）。

4

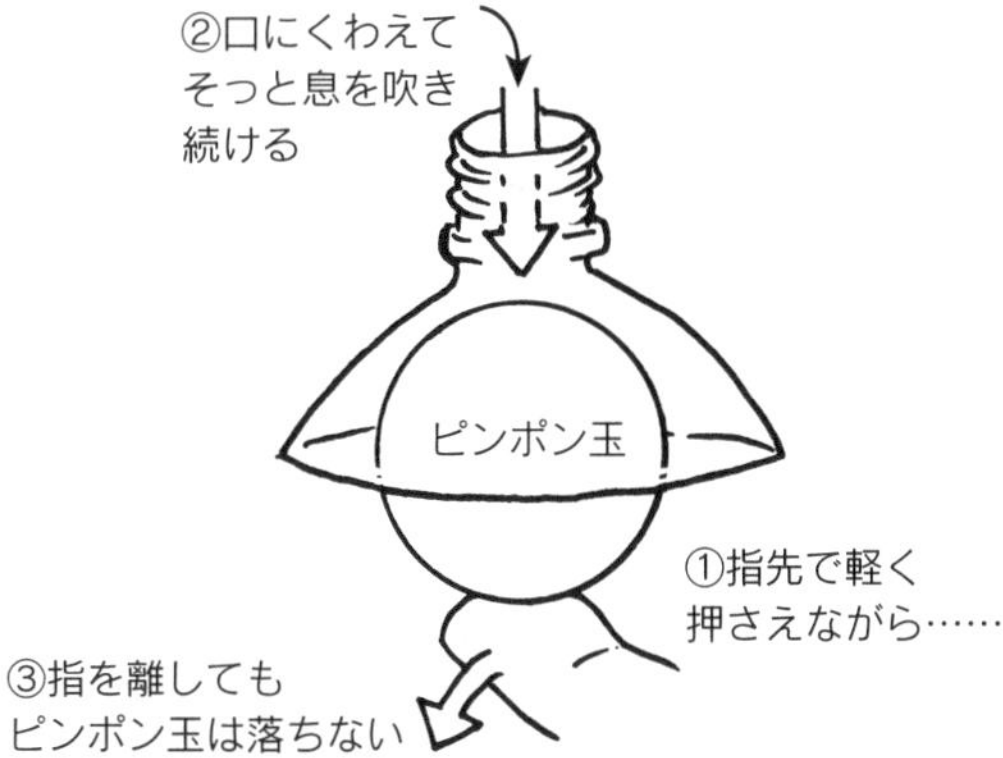
②口にくわえて
そっと息を吹き
続ける
ピンポン玉
①指先で軽く
押さえながら……
③指を離しても
ピンポン玉は落ちない

切り取ったペットボトルの上部をピンポン玉にかぶせ、上から吹いてください。指を離してもピンポン玉は落ちません。

流れ
中央付近では、床が低くなっている

レーシングカー

レーシングカーは高速でコーナーを曲がったり、急速に加速したりしなければいけません。このときに必要なことは、タイヤが路面にしっかりと張り付いてスリップしないことです。そのために「やってみよう」と同じ原理が使われています。

車体の中央付近の床を下げて路面とのすきまを狭くし、車体の前後部では路面とのすきまを大きくしています。このような構造を**ベンチュリ**と呼んでいます。

流れの途中ですきまを狭くすると流れが速まり、その部分の圧力が低くなります。「やってみよう」では空き缶のすきま付近で圧力が下がり、缶は内側に吸い寄せられました。レーシングカーのベンチュリでは、床下の圧力を下げ、車体を路面に吸い寄せています。そのため、スリップを防ぐことができ、高速走行が可能になります。

タネあかし

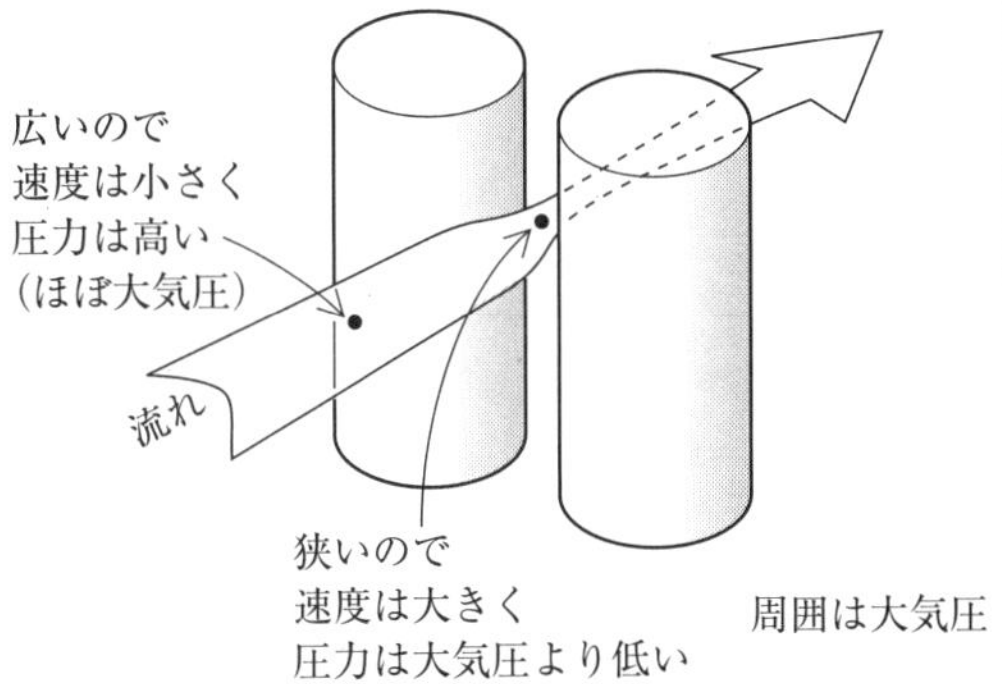
広いので
速度は小さく
圧力は高い
(ほぼ大気圧)
流れ
狭いので
速度は大きく
圧力は大気圧より低い
周囲は大気圧

すきまを通過する流れ

流体のエネルギーの形態には、位置エネルギー、圧力のエネルギー、運動エネルギーなどがあることを項目17で説明しました。流体の持っているエネルギーの損失が非常に小さい場合には、これらのエネルギーの合計がほぼ一定に保たれるという性質があります。損失を無視するとエネルギーが一定に保たれるという関係は**ベルヌーイの定理**と呼ばれ、流体のエネルギー保存則を表しています。

はじめの「やってみよう」で、空き缶の間を吹くとすきまの狭い部分で流れが速くなります。これはホースをつぶして水の通り道を細くすると、水の勢いが強くなるのと同じです。空き缶の間で高速になった空気の運動エネルギーは大きくなっています。エネルギー保存の考え方を使えば、運動エネルギーが大きくなった分だけ他のエネルギーが減少していることがわかります。

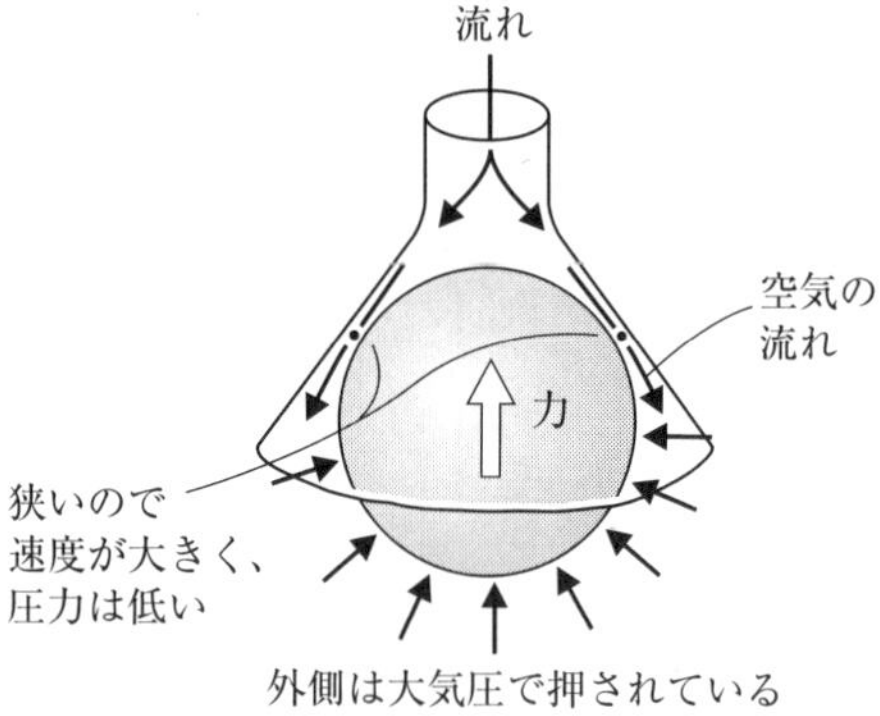
流れ
空気の
流れ
力
狭いので
速度が大きく、
圧力は低い
外側は大気圧で押されている

ピンポン玉が吸いついたわけ

位置エネルギーは変化していませんので、このときに減少しているエネルギーは圧力のエネルギーということになります。そのため、二つの空き缶の間では圧力が下がり、一方、周囲は大気圧なので空き缶は内側に引き寄せられたのです。どうがんばって吹いても空き缶は内側に倒れます。

二つめの「やってみよう」では、ピンポン玉の外側は大気圧によって押されています。一方、ピンポン玉とペットボトルのすきまの狭いところでは速度が大きくなり、大気圧よりも圧力が減少します。このときの圧力の差から、ピンポン玉はペットボトルに吸いついたのです。

「どう役立つ？」のレーシングカーでも、床下の中央部分のすきまを狭くすることで速度を大きくし、圧力を下げています。そのためダウンフォース（下向きの力）が大きくなり、接地性が良くなるのです。

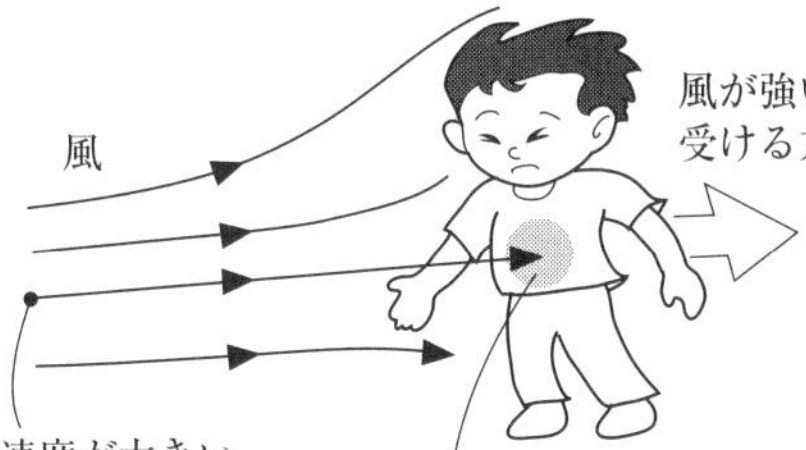
風
風が強いときほど
受ける力は大きい
速度が大きい
流れがせき止められて
速度は小さくなり、圧力は高くなる

「流れが速いと圧力が高い」は誤解

なお、流れが速いほど圧力が高くなると誤解している人も多いようですが、このようにエネルギーの合計で考えれば、速度が大きなところでは圧力が下がることがわかります。

「速度が大きいと圧力も高い」という誤解の元は、次のようなことだと考えられます。流れの中に物体があると、そこで流れがせき止められ、部分的に速度がゼロになります。この場合には、はじめの運動エネルギーがせき止められて圧力のエネルギーに変わりますので、はじめの速度が大きいほど圧力は高くなります。たとえば、図のように風が強いときほど、体にはたらく力は大きくなります。そこで、「速度が大きいと圧力も高い」という誤解が生まれたのでしょう。

正しくは「強い風をせき止めているから大きな力を受ける（圧力が高い）」ということになります。

コラム　ストローの横に穴をあけて吹くと

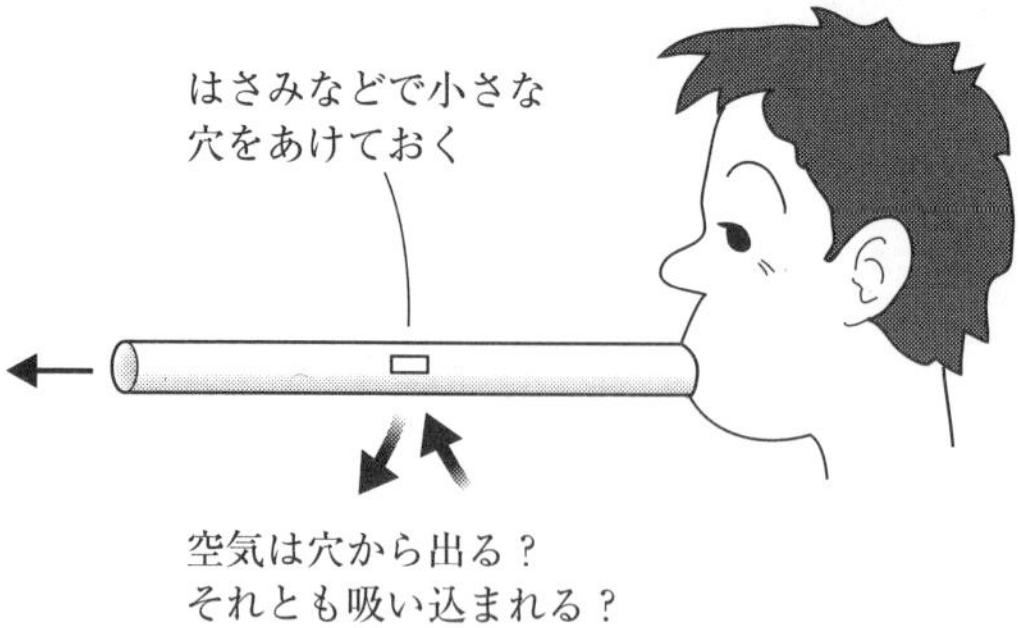
はさみなどで小さな
穴をあけておく
空気は穴から出る？
それとも吸い込まれる？

横に穴をあけたストロー

ストローの側面に穴をあけ、吹いてみましょう（図）。穴から空気は出るでしょうか、それともまわりの空気を吸い込むでしょうか？　細く切ったティッシュペーパーを穴に近づければわかります。

答えはわかりましたね。ストローの先端の出口では、空気が高速で流れていても大気圧になっています。これは、出口の流れとその横のほぼ静止した流れの圧力が、横方向でつり合うからです（つり合わないと出口で急激に横に広がったり、狭まったりするはずです）。ストローの内部では、ストローの内側の面と空気の間に粘性摩擦（項目2・20ページ）がはたらくので、これに打ち勝って流れるためには、上流側ほど高圧にしなければいけません。ですから、口の中では圧力を高くしています。

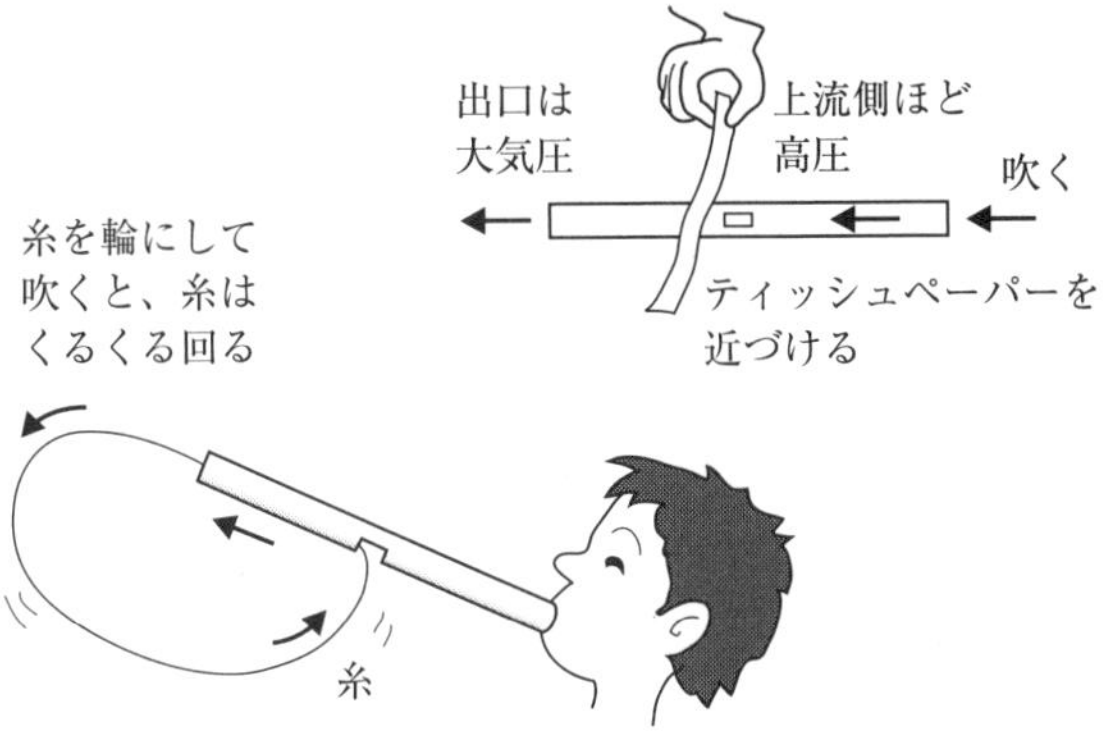
出口は
大気圧
上流側ほど
高圧
吹く
ティッシュペーパーを
近づける
糸を輪にして
吹くと、糸は
くるくる回る
糸

タネあかしと糸を回す遊び

それでは、途中の穴ではどうでしょうか。この部分は大気圧より高圧になりますから、より圧力の低い外側へ空気が出ていきます（答えは外へ出る）。

では、ストローを吸ったときは、穴から空気は出るでしょうか、それともまわりの空気を吸い込むでしょうか。ためしてみてください（答えは各自で）。

これに少し手を加えると左図のようなおもちゃができます。あけた穴に糸を通して、輪を作り、結びます。これでストローを吹くと糸はくるくる回ります。なぜ回るのでしょうか？

本によっては、「ストロー内では速度が大きく、ベルヌーイの定理（項目18）から、圧力が下がって、穴からまわりの空気といっしょに糸を吸い込む」と説明していますが、どこが間違いかわかりますね。正しくは、「ストロー内の糸が、空気との粘性摩擦により、気流に引きずられて循環する」です。

19 ピトー管

ベルヌーイの定理を利用したピトー管という速度計があります。ストローを使って、このピトー管を作ってみましょう。

やってみよう

1

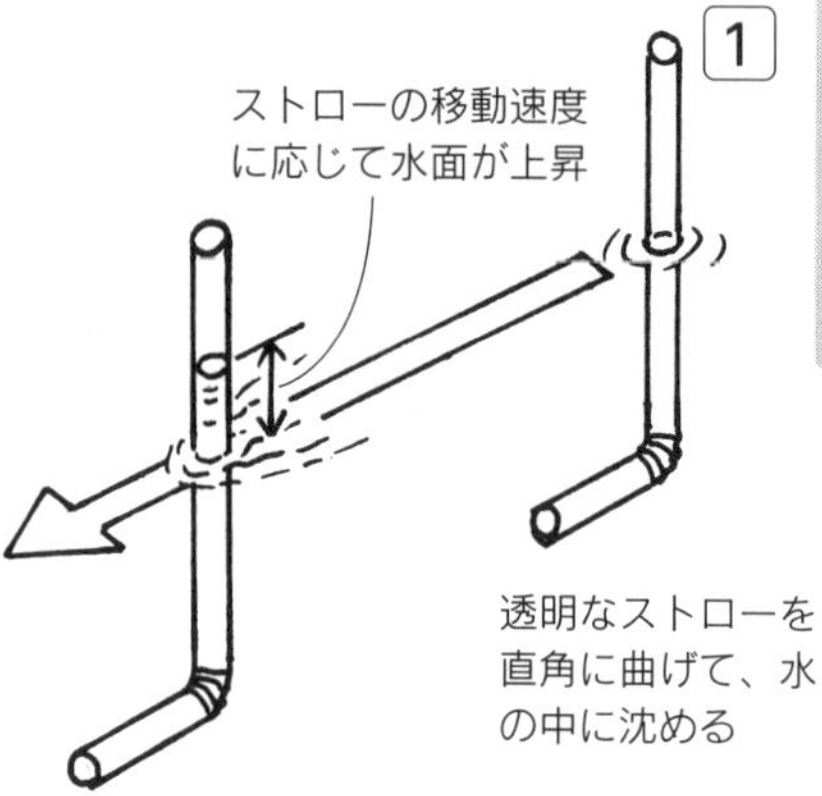

ストローの移動速度
に応じて水面が上昇
透明なストローを
直角に曲げて、水
の中に沈める

ストローを直角に曲げてお風呂に入れ、一定の速度で水平方向に動かします。ストローの中の水面が高くなります。

2

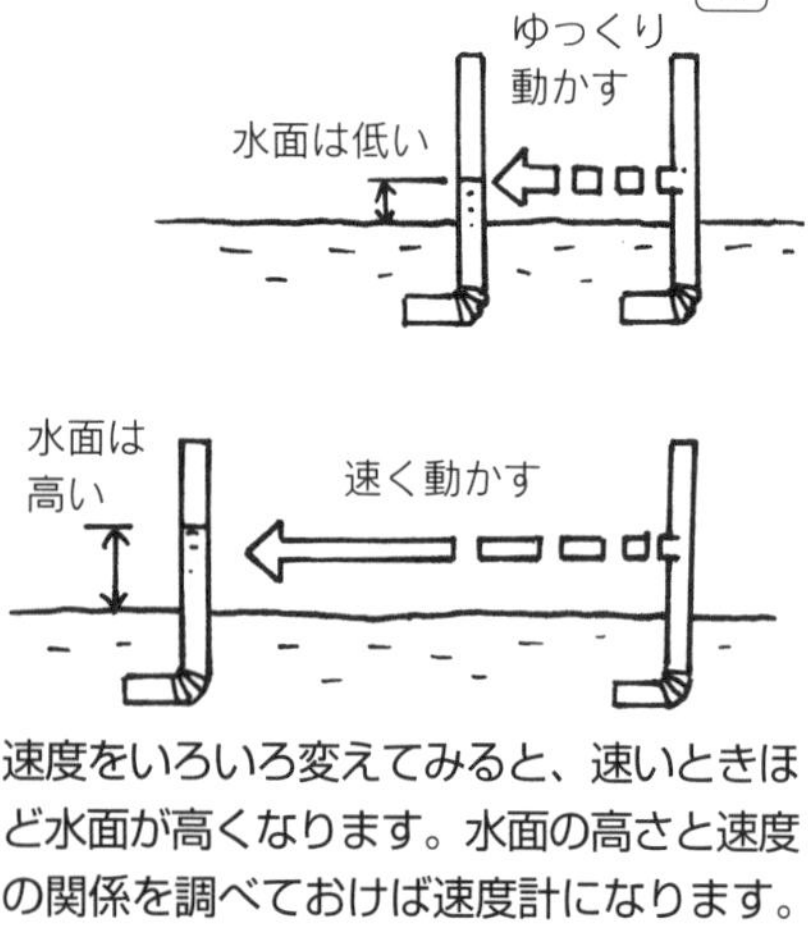

ゆっくり
動かす
水面は低い
水面は
高い
速く動かす

速度をいろいろ変えてみると、速いときほど水面が高くなります。水面の高さと速度の関係を調べておけば速度計になります。

どう役立つ？

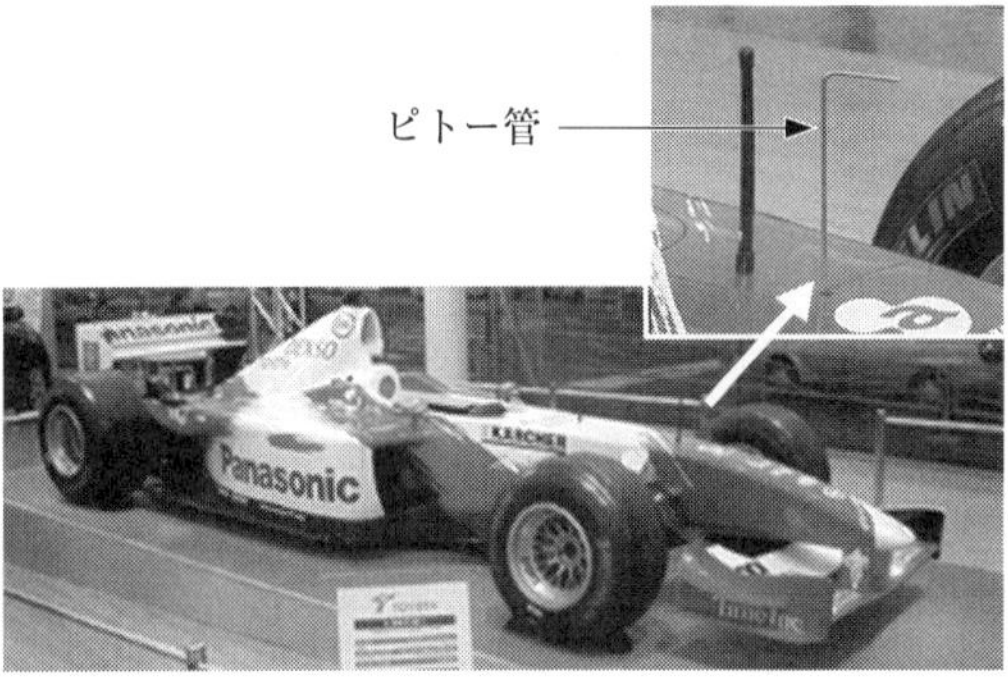

Ｆ１カーで使われているピトー管

ピトー管は飛行機の速度計としてよく使われています。その他にもいろいろな用途で流れの速度を測る装置として使われています。この原理は「やってみよう」と同じですが、もっと正確に測定できるようにくふうされています。

写真はＦ１のレーシングカーで使われているピトー管です。Ｆ１のように高速で走行する場合には、まわりの空気から受ける力が非常に大きくなるので、空気の流れがどのようになっているのかを知ることが重要です。そこで、対気速度（まわりの空気に対するその物体の速度）を測るわけです。

飛行機やレーシングカーでは、対気速度を測る装置としてピトー管が使われています。運動と垂直な方向の力（揚力といい、飛行機では浮上する力、Ｆ１ではダウンフォース）や空気抵抗の大きさは、この対気速度によって決まります。

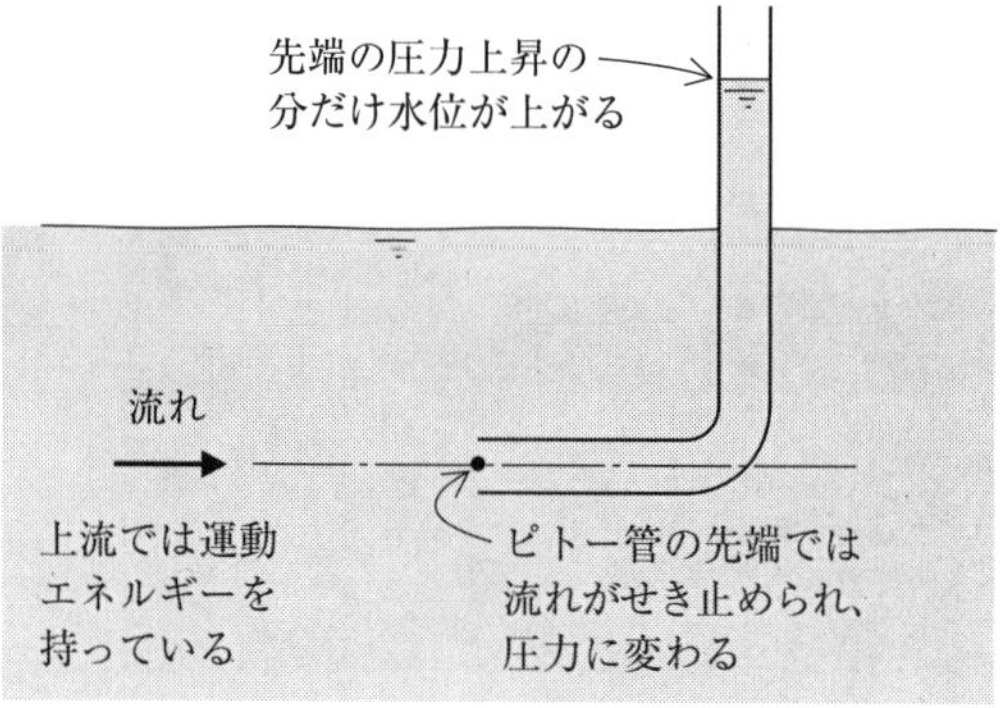
先端の圧力上昇の
分だけ水位が上がる
流れ
上流では運動
エネルギーを
持っている
ピトー管の先端では
流れがせき止められ、
圧力に変わる

ピトー管の原理

流れの中にピトー管を入れると、ピトー管の先端で流れがせき止められ、その部分の圧力が上昇します。上流での運動エネルギーが、ピトー管の先端では圧力のエネルギーに変わります。このときの速度と圧力上昇の間には、ベルヌーイの定理（項目18）が成り立ち、

$$（速度）=\sqrt{\frac{2\times 圧力上昇}{流体の密度}}$$

となります。したがって、ピトー管の先端における圧力上昇を測定すれば流速を求めることができるのです。ピトー管の方が運動している場合には、計算される値はピトー管の速度になります。飛行機やレーシングカーでは、対気速度が測定されることになります。

レーシングカーでは、スリップを防ぐためダウンフォース（空気から受ける下向きの力）が必要とな

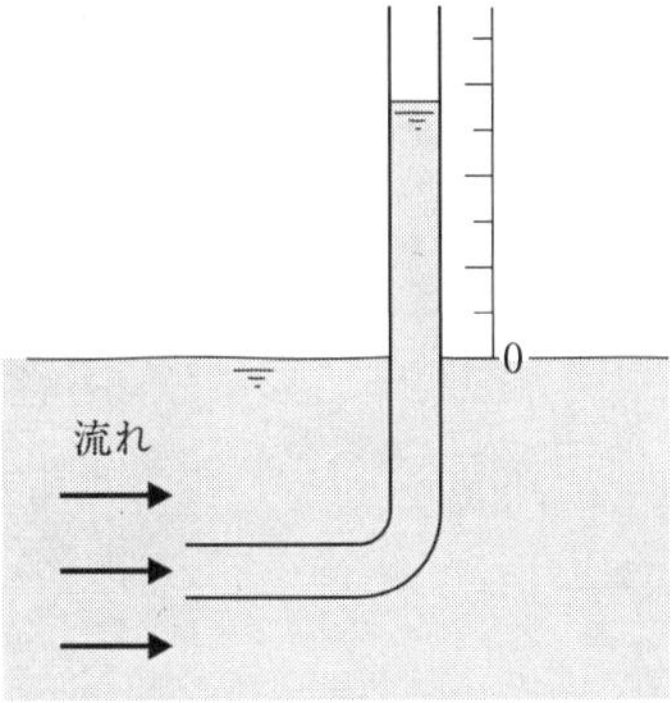

水位 (cm)	速度 (m/s)
0	0
0.2	0.2
0.8	0.4
1.8	0.6
3.3	0.8
5.1	1.0
7.3	1.2
10.0	1.4
13.0	1.6
16.5	1.8
20.4	2.0

水面の上昇と流体速度

りますが、これは対気速度によって決まります。空気抵抗や飛行機の翼にはたらく揚力なども、同じように対気速度で決まります。その対気速度の測定に、ピトー管が使われています。

「やってみよう」では、ストローを動かすと、その速度に応じてストローの先端の圧力が上昇します。すると、ストローの中の水の圧力が全体に高くなり、ストロー内の水面が高くなります。流れの運動エネルギーが、水面の高さという位置エネルギーに変わったのです。

もう少し発展させて、図のように水面の上昇の高さを読み取れるようにすると、次の式で速度を求めることができます。ただし、広い場所で一定の速度で動かさないと安定して測れません。

$$速度(\mathrm{m/s}) = \sqrt{0.196 \times 水面の高さ(\mathrm{cm})}$$

20 ジェット推進

ロケットやジェット機は「ジェット推進」という原理で飛んでいます。同じ原理の簡単なおもちゃを作ってみましょう。

やってみよう

1

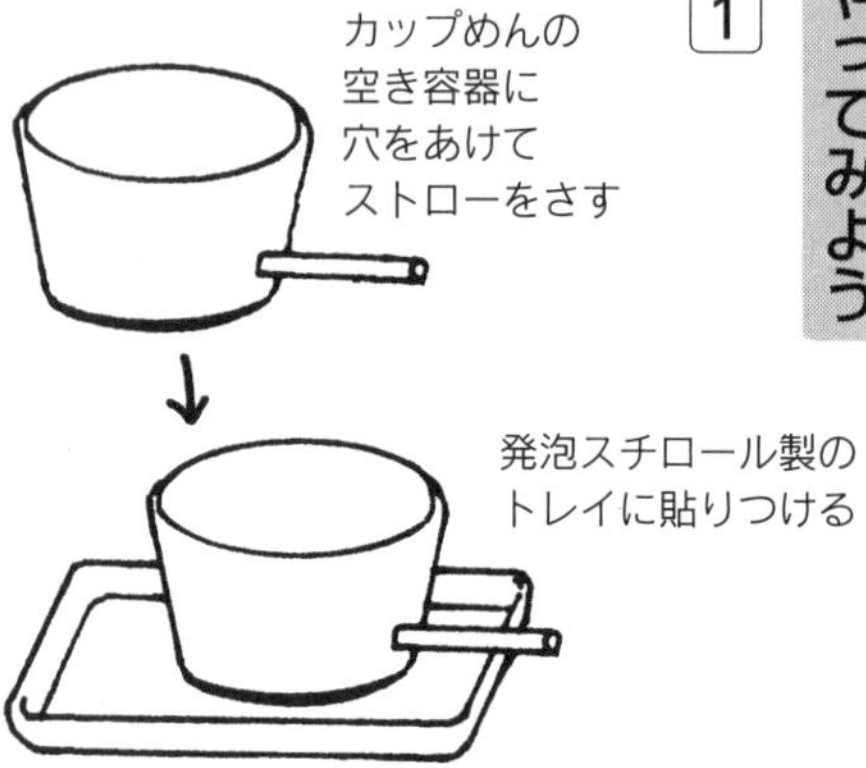
カップめんの
空き容器に
穴をあけて
ストローをさす
発泡スチロール製の
トレイに貼りつける

カップめんの空き容器に穴をあけ、ストローをさします。これを発泡スチロールのトレイに貼りつけて船を作ります。

2

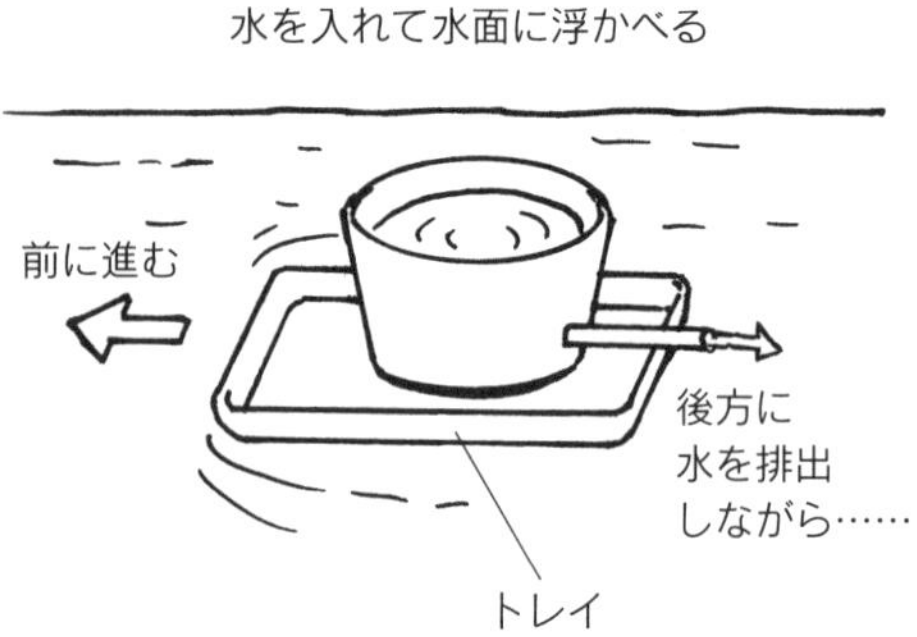
水を入れて水面に浮かべる
前に進む
後方に
水を排出
しながら……
トレイ

カップめんの容器に水を入れて、この船を水に浮かべます。流出する水の勢いで船が進みます。

どう役立つ？

Ｈ２Ａロケット（写真提供／宇宙航空研究開発機構）

写真のＨ２Ａロケットは、液体酸素と液体水素を推進剤（燃料）とする高性能なロケットエンジンを搭載した、日本の大型主力ロケットです。気象観測や地球観測、通信・放送のための人工衛星の打ち上げや宇宙ステーションへの物資の輸送などを目的としており、宇宙開発での活躍を期待されています。

これらの開発では最先端技術が駆使されていて、その構造はたいへん複雑なものです。しかし、推進の基本的な原理は「やってみよう」と同じです。ロケットは燃焼で発生したガスを高速で後方に噴出させ、その反動を利用して推進しています。「やってみよう」の船も水を後方へ流出させ、その反動を利用して推進しているのです。

同じ原理はジェット機のジェットエンジンでも使われています。生物では、イカやホタテ貝が海水を噴出して進むしくみを持っています。

タネあかし

石を後方に投げるとボートは前に進む
石
石を連続して投げると、ボートには連続して推進力がはたらく

「反作用」の力とボート

物体の速度を変化させるためには、力が必要です。たとえば、ボートに乗っている人が後方に石を投げたとします。このとき、石を加速させるため、人は石に力を加えなければいけません。その力の反作用として人には石の飛ぶ方向とは逆方向（ボートの前進方向）に力がはたらきます。この力によってボートは前に進むのです。

次に石をたくさん積んで、それらの石を連続して後方に投げていったとします。人とボートには連続して前進方向に力がはたらくことになります（ただし、実際の公園や池などで石を投げると迷惑になり、危険ですのでやめてください）。

では、石を投げる代わりに、連続して水を後方に放出したらどうなるでしょうか。水も質量を持っているので、同様に連続して前進方向に力を受けることになります。

燃焼したガスを
高速で放出
どちらも前へ
推進力を受ける
ロケット
連続して
水を放出
船

ジェット推進の原理

整理すると、水（流体）を連続して放出するとその反対方向に力を受けることになります。

「やってみよう」で、容器内の水が流出することによって逆方向に船が進んだのはこの原理によります。このように、流体を噴出させることで逆方向に推進することを**ジェット推進**といいます。

「どう役立つ？」のロケットやジェット機では、燃料を燃やすと膨張するので、燃焼ガスが高速で噴出します。このときの速度が重要です。ボートから石を投げるときも、速く投げ出すほど大きな力がはたらきます。これらは、運動量（＝質量×速度）の変化は作用する力に等しいという関係（ニュートンの運動の法則）によります。ロケットでは燃料の質量（＝燃焼ガスの質量）は決まっているので、高速で噴出させることが重要で、これにより音速を超える（超音速）飛行を可能にしています。

●コラム　ウインドカー（風のエネルギーだけで風上に走る自動車）

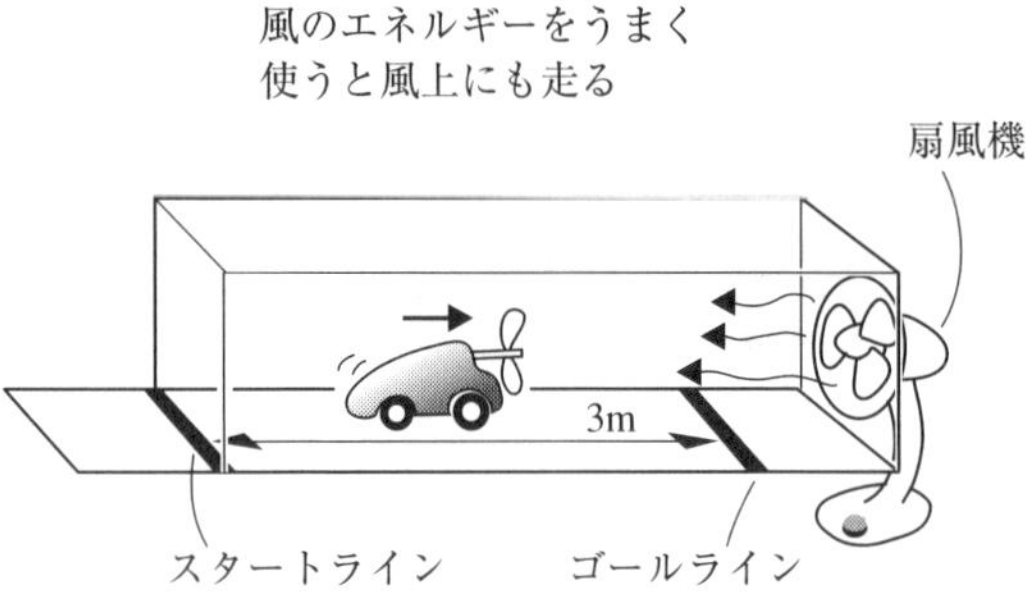

風のエネルギーをうまく
使うと風上にも走る
扇風機
3m
スタートライン
ゴールライン

競技用走路

日本機械学会と神奈川工科大学の共催で、毎年八月に「流れのふしぎ展」が開催されています（URL http://www.kanagawa-it.ac.jp/~nagare/）。空気や水などの流体を題材に、自然現象を楽しみながら、青少年に科学技術やモノづくりへ興味を持ってもらうことを目的として、一九九五年から実施されています。

コンテストの一つに「ウインドカー」という、まわりの風のエネルギーを利用して風上に走る模型自動車があります。使えるエネルギー源は風だけです。競技用走路は透明な四角いトンネルで、上流側に扇風機が置かれています。スタートラインからゴールまでの距離は三メートル、風速は毎秒約三メートルです。ユニークなアイデアと速度を競います。

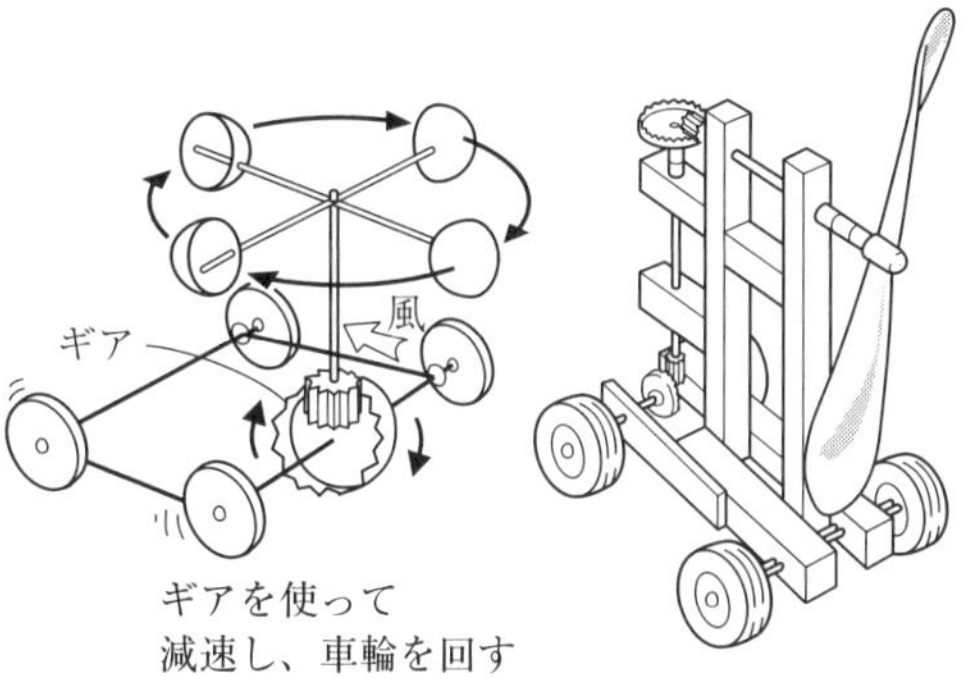
風
ギア
ギアを使って
減速し、車輪を回す

ウインドカーの例

風が吹けば風下に流されるのがふつうですが、ウインドカーは風上に進みます。意外かもしれませんが、これは実現可能なことなのです。たとえば、プロペラを風の中に入れれば、風車のように回転します。この回転をギアや糸の巻き取りなどに利用して、車輪の回転軸を回すエネルギーにします。

ポイントは、車輪の回転数をプロペラの回転数よりも減らすことです。同じ動力（馬力）でも、回転数を下げるとトルク（軸を回転させる能力）は大きくなります。よって推進力も大きくなり、推進力が空気抵抗よりも大きくなれば、風に打ち勝って前進します。

つまり、車輪の回転数を十分に下げるほど推進力が大きくなるので確実に前進しますが、速度は小さくなります。速く走らせるには、さらにくふうが必要になるわけです。

21 流線曲率の定理

流体の流れの向きが変わるところでは、圧力が変化します。これを利用すると、おもしろい遊びができます。

やってみよう

1

紙コップを2個用意する

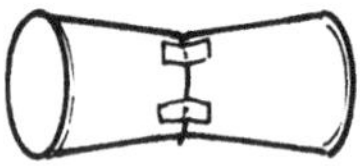

底を
セロハンテープ
で貼り合わせる

紙コップを２つ用意します。底を合わせて、セロハンテープで貼ります。

2

コップが手前に
ころがってくる
ようにするには？

では、問題です。これをテーブルの上に置いて、手前にころがってくるように、ストローで吹いてください。

3

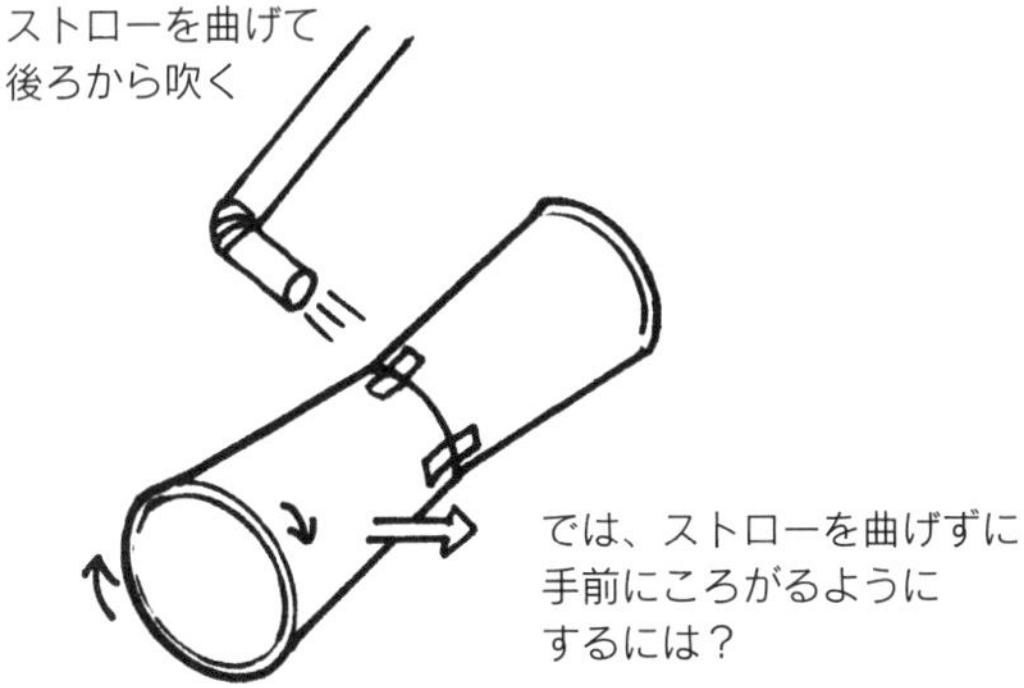
ストローを曲げて
後ろから吹く
では、ストローを曲げずに
手前にころがるように
するには？

ストローを図のように曲げて吹くと手前にころがります。小学生ならこれも正解としますが、ストローを曲げないとしたら？

4

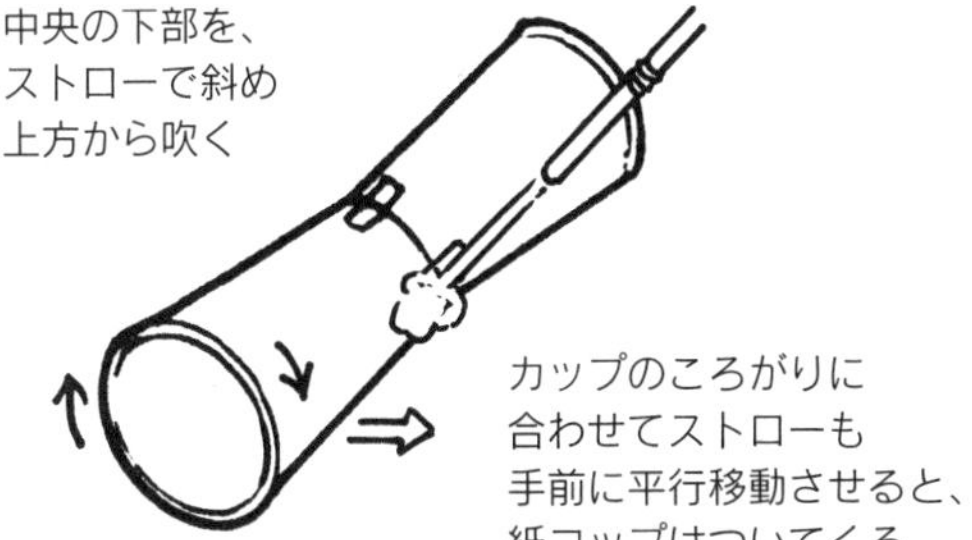
中央の下部を、
ストローで斜め
上方から吹く
カップのころがりに
合わせてストローも
手前に平行移動させると、
紙コップはついてくる

紙コップの下側手前を斜め上から吹き、ストローを平行に手前にずらしていくと、紙コップが手前にころがってきます。

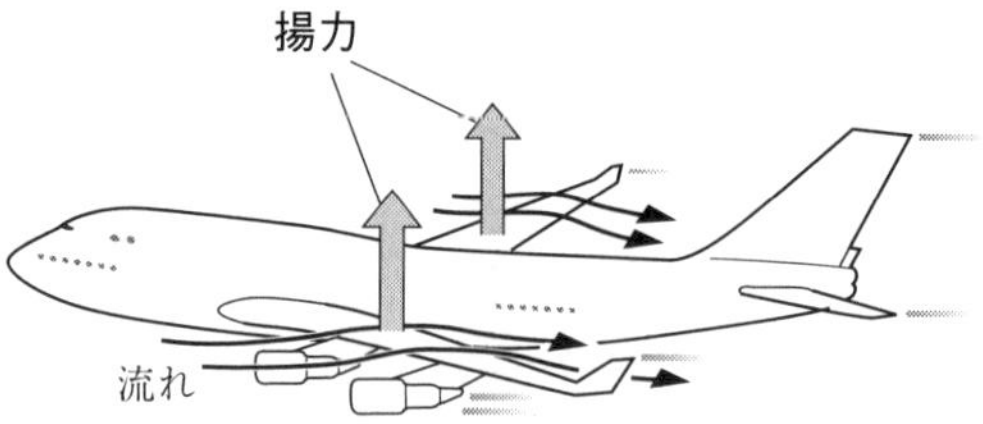

飛行機の主翼

飛行機はなぜ空を飛べるのでしょうか。

知っている人も多いかもしれませんが、飛行機には主翼があり、そこに揚力（上向きの力）がはたらいて空中に浮いています。主翼に揚力がはたらく一つの理由は「やってみよう」と同じ原理です。主翼の上面は凸な曲面になっていて、「やってみよう」の紙コップもやはり凸な曲面になっています。

このような曲面に流れがあたると、曲がりの外側方向（流線の曲がりを円の一部と考えたとき、円の中心から離れる方向）、つまり飛行機の主翼では上向き、紙コップでは手前斜め下向きに力がはたらきます。そのため、主翼には揚力（翼を上に持ち上げる力）がはたらき、飛行機は空を飛べるのです。

一方、主翼の下面では流れが下向きに曲げられて、圧力が高くなり、このことも揚力が発生する原因になっています。

タネあかし

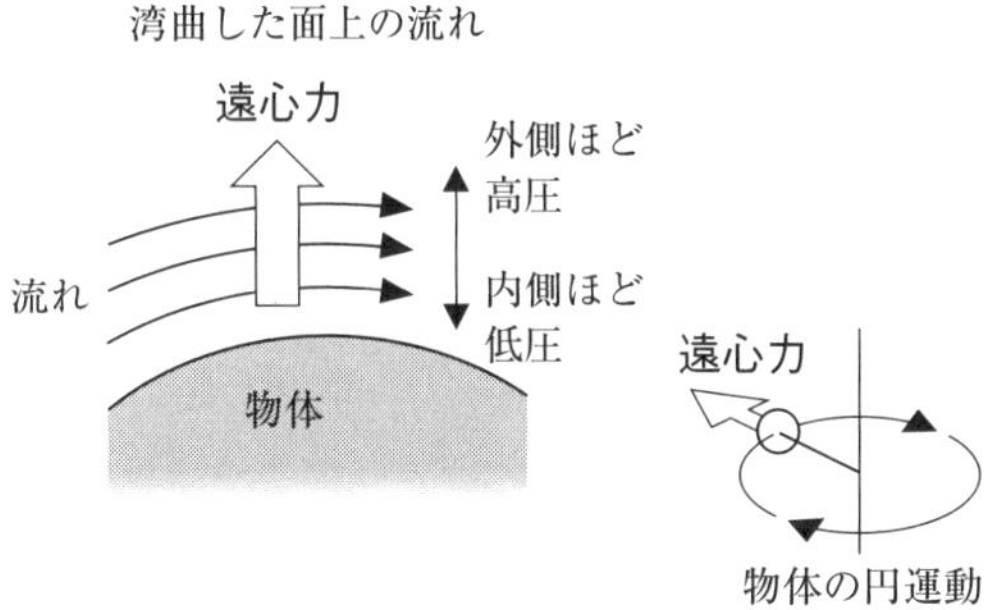
湾曲した面上の流れ
遠心力
外側ほど
高圧
流れ
内側ほど
低圧
物体
遠心力
物体の円運動

流線曲率の定理

流れの方向をなめらかに結んでいった線を**流線**といい、流れを表す線となります。流れの向きが変化するところでは流線もその方向に曲がっています。このようなところの流れは、円運動の一部と考えることができます。

流体が円運動するとき、物体の円運動と同じように流体には外向きに遠心力がはたらきます。この場合、項目10（56ページ）で述べたように、中心付近は低圧、外側ほど高圧になります。

流体の流れが曲がっている場合もこれと同じで、流れている流体には外向きに遠心力がはたらきます。曲がった流線を円弧の一部と考えれば、円弧の外側ほど遠心力で押されて圧力が高くなります。逆に内側ほど圧力が低くなります。これを**流線曲率の定理**といいます。どのような流れでも流線が曲がるところでは、この定理が成り立ちます。

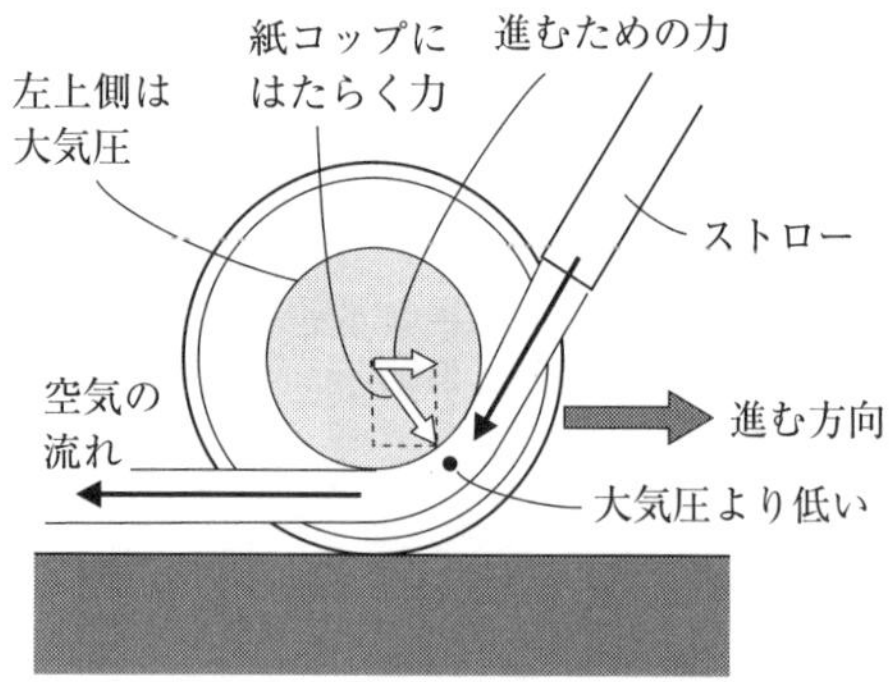
紙コップに
はたらく力
進むためのの力
左上側は
大気圧
ストロー
空気の
流れ
進む方向
大気圧より低い

紙コップにはたらく力（中央部断面図）

「やってみよう」で、紙コップに流れをあてると、流線は図のように紙コップに沿って流れ、曲げられます。紙コップに沿って流れるのは、コアンダ効果というものによります（詳しくは項目22で説明）。

空気が紙コップに沿って流れるとき、図のように流線が曲がり、外側ほど高圧、内側ほど低圧となります（流線曲率の定理）。流線の外側（紙コップから遠いところ）の圧力はまわりの大気圧に一致し、内側（紙コップに近い方）ほど低い圧力（大気圧以下）になります。紙コップ表面では最も圧力が低くなります。

一方、左上側の表面では大気圧ですので、両者の圧力差から紙コップには斜め右下の方向に力がはたらきます。この力の水平方向の成分が手前に進むための力となり、紙コップは手前にころがることになります。

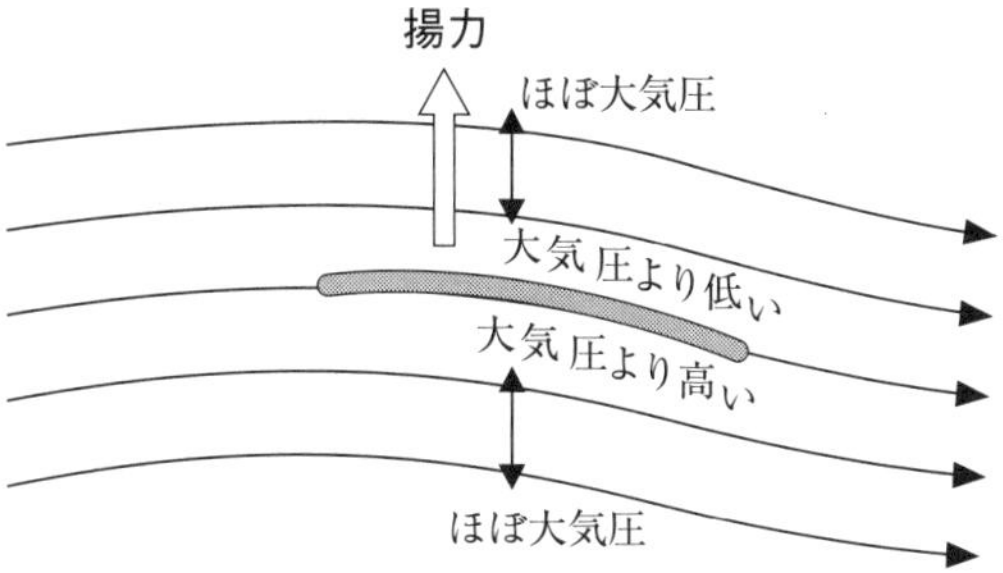
揚力
ほぼ大気圧
大気圧より低い
大気圧より高い
ほぼ大気圧

飛行機の主翼のはたらき

飛行機の主翼の原理を知るために、図のような湾曲した薄い板のまわりの流れを考えてみます。これに空気があたると図のような流線になります。翼によって流れは下向きに曲げられ、流線は上に凸に曲がります。

上の面では流線の曲がりの外側（ずっと上方）では大気圧ですが、流線曲率の定理により、内側（翼の上面に近い方）では圧力が下がり、大気圧より低い圧力になります。これは、「やってみよう」の紙コップと同じ状況です。

逆に、下の面では流線の曲がりの内側（ずっと下方）では大気圧ですが、外側（翼の下面に近い方）ほど圧力は大気圧よりも高くなります。

上下の圧力差により、翼には**揚力**（翼を上げる力）がはたらきます。揚力については項目27、28でもう一度詳しく解説します。

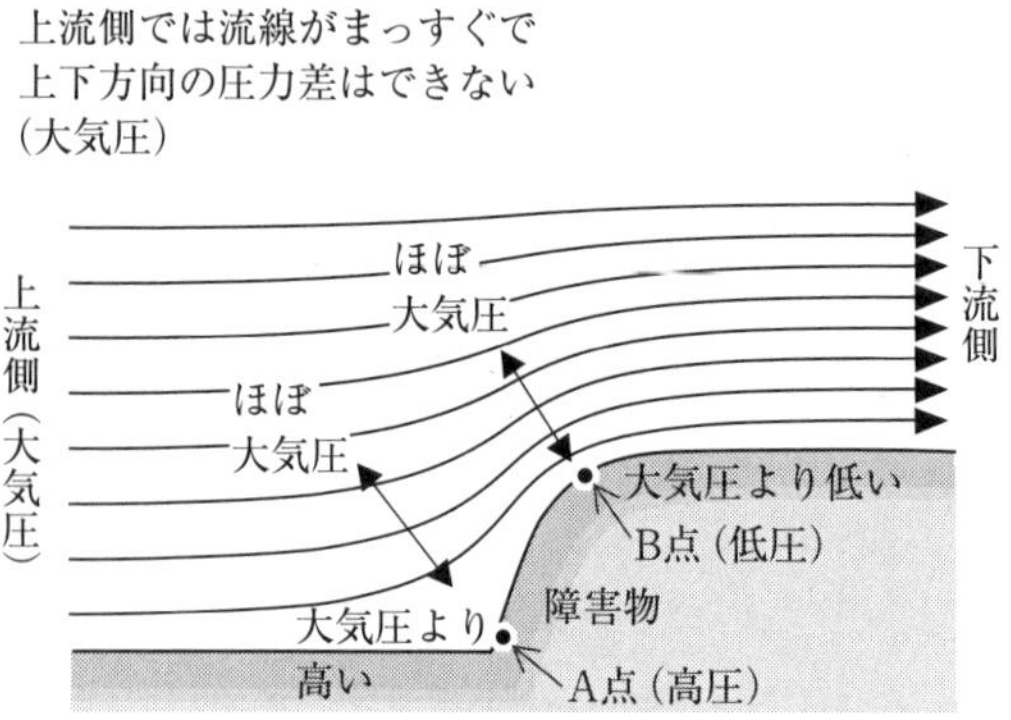
上流側では流線がまっすぐで
上下方向の圧力差はできない
(大気圧)
上流側(大気圧)
下流側
ほぼ
大気圧
ほぼ
大気圧
大気圧より低い
B点(低圧)
障害物
大気圧より
高い
A点(高圧)

前面が丸い障害物

流線曲率の定理を確認するために、図のような障害物のまわりの流れを考えてみましょう。流線は図のようになります。

障害物のずっと上流側では、流線は水平でまっすぐになっていますので、流線曲率の定理で考えれば曲率(湾曲)はなく、上下方向で圧力の差はできません。つまりどこも大気圧です。

障害物の前のあたり(A点付近)を見ると、障害物を避けるため、流線は下に凸に曲がっています。曲がりのずっと内側(斜め左上方向)では大気圧に等しくなりますが、外側方向(A点に近い方)ほど圧力は高くなっていき、A点で最も圧力は高くなります。

次に、障害物の丸い曲面(B点)付近を見てみましょう。ここでは、まわりの流れと障害物にはさまれて、流れは曲面に沿って流れ、上に凸に曲がりま

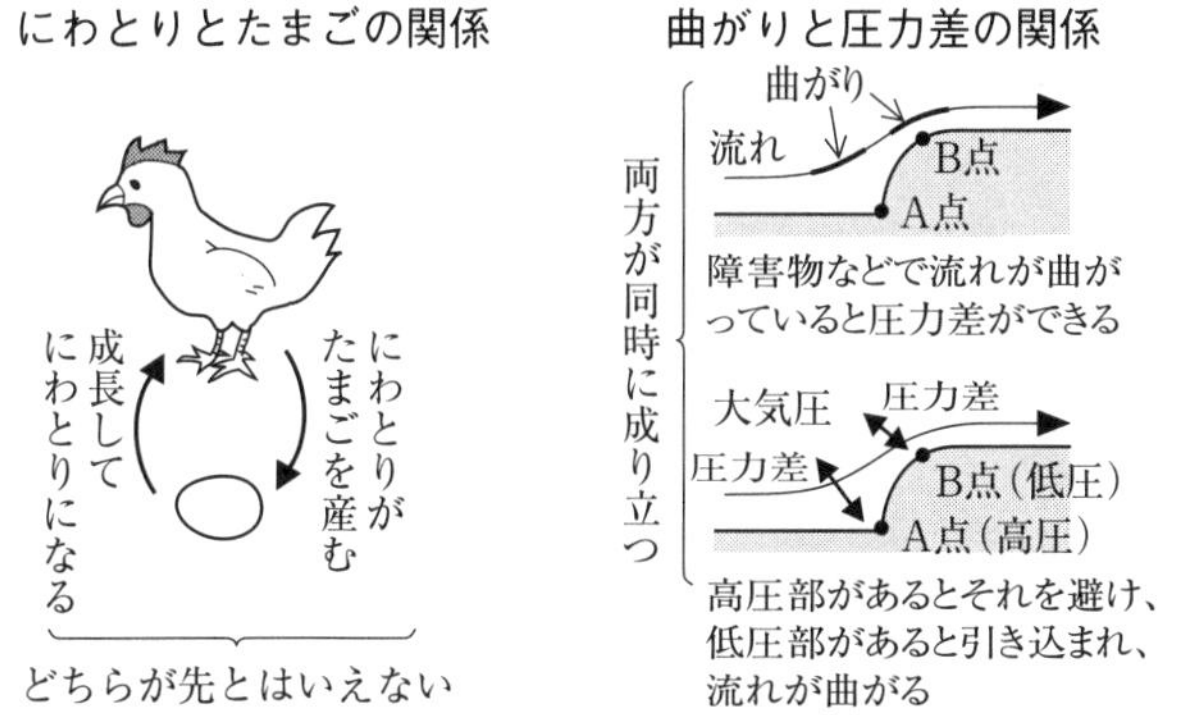
にわとりとたまごの関係
にわとりがたまごを産む
成長してにわとりになる
どちらが先とはいえない
曲がりと圧力差の関係
曲がり
流れ
B点
A点
障害物などで流れが曲がっていると圧力差ができる
両方が同時に成り立つ
大気圧
圧力差
圧力差
B点（低圧）
A点（高圧）
高圧部があるとそれを避け、低圧部があると引き込まれ、流れが曲がる

「流れが曲がること」に対する２つの考え方

す。曲がりのずっと外側（斜め左上方向）では大気圧に等しく、曲がりの内側（B点に近い方）に近づくほど圧力は下がり、大気圧よりも低くなります。このように、流れが曲がるとき、内側では圧力が低くなります。

ここまでは、形状から考えて、流れが曲がっているところでは外側と内側で圧力差ができると説明しました。しかし別の見方として、流れの立場からすれば、A点で流れがせき止められているためA点付近では圧力が高くなり、それを避けて曲がった、一方、B点付近では圧力が低いのでB点側に引き込まれ曲がった、とも考えられます。

この二つはどちらも正しいのです。〝にわとりとたまご〟の関係のようですが、「曲がること」と「圧力差」とは同時に成り立つもので、どちらも満足する状態で流れが存在しています。

22 コアンダ効果

丸い曲面に流れをあてると、曲面に沿ってきれいに流れます。簡単にできる遊びから、先端技術をのぞいてみましょう。

やってみよう

1

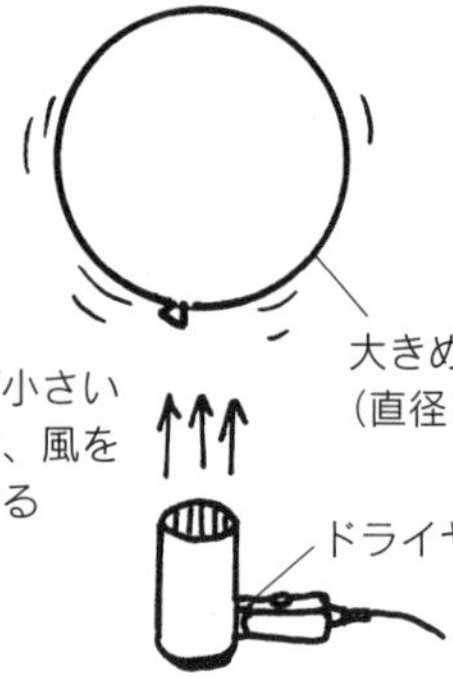

風船が小さい場合は、風を弱くする
大きめの風船（直径45cmくらい）
ドライヤー

ドライヤーで風船を真上に浮かせてみましょう。風船は少し大きめの方がうまく安定します。

2

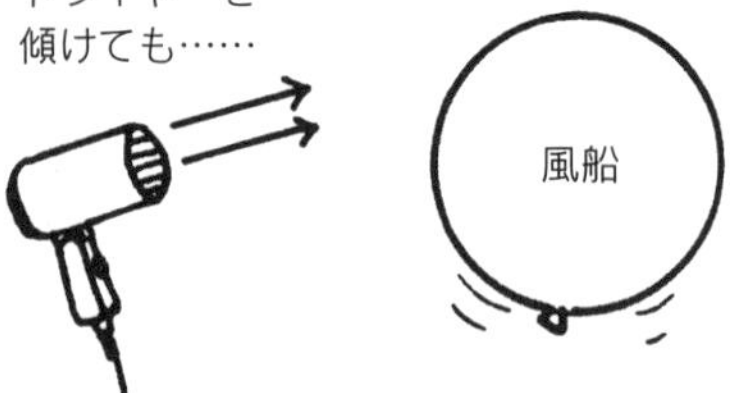

ドライヤーを傾けても……
風船
風船は浮いたまま

次に、ドライヤーを少しずつ横に傾けてください。かなり傾けても、風船は浮いています。

3

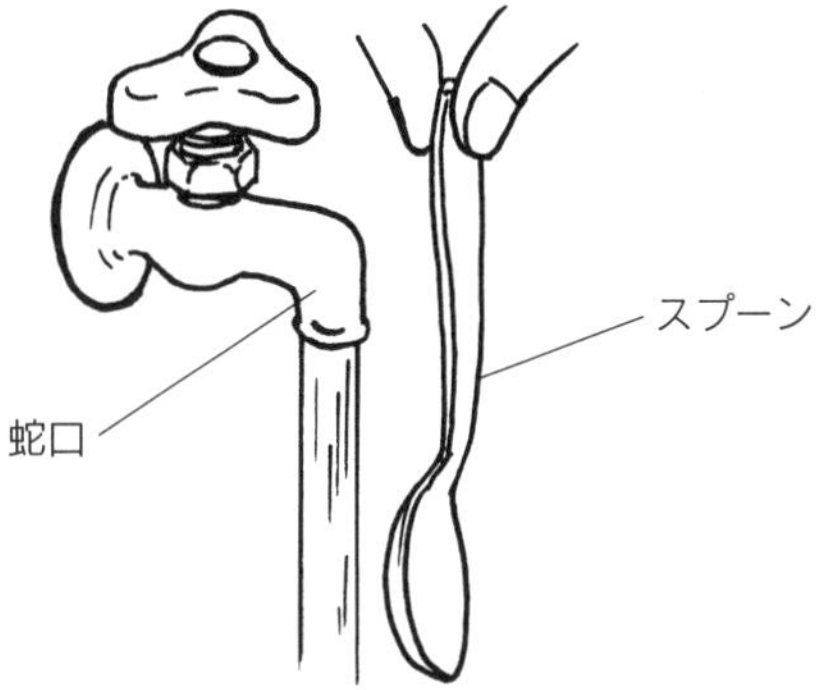
スプーン
蛇口

次に、スプーンを図のように軽く持ち、丸い外側の面を蛇口からの水の流れに触れさせてみます。

4

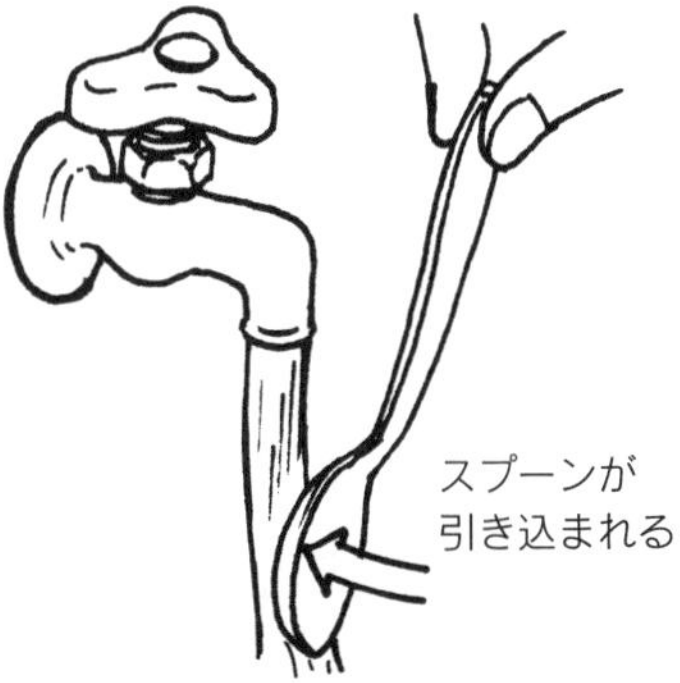
スプーンが
引き込まれる

スプーンが水の流れの中に引き込まれ、流れが曲げられます。なぜでしょうか？

短距離離着陸機「飛鳥」　（写真提供／かかみがはら航空宇宙博物館）

写真は、航空宇宙技術研究所（現宇宙航空研究開発機構）で開発された「飛鳥《あすか》」と呼ばれる短距離離着陸機（ＳＴＯＬ機）で、短い滑走路でも離着陸できる飛行機です。ジェットエンジンからの燃焼ガスを主翼に沿って流し、これが翼の表面に沿って進み、主翼の後方で下向きに流出するようになっています。この流れによって大きな揚力（上向きの力・項目27）が発生し、短い距離でも離陸できるようになります。

このときのポイントは流れが主翼の曲面に沿って流れていることです。二つの「やってみよう」も同様に流れが曲面に沿って流れ、後方へと回り込んでいます。このように、「流れが凸な曲面に沿って流れようとする性質」を**コアンダ効果**といいます。「飛鳥」が短い滑走路で離陸できる秘密が、ここにあります。

タネあかし

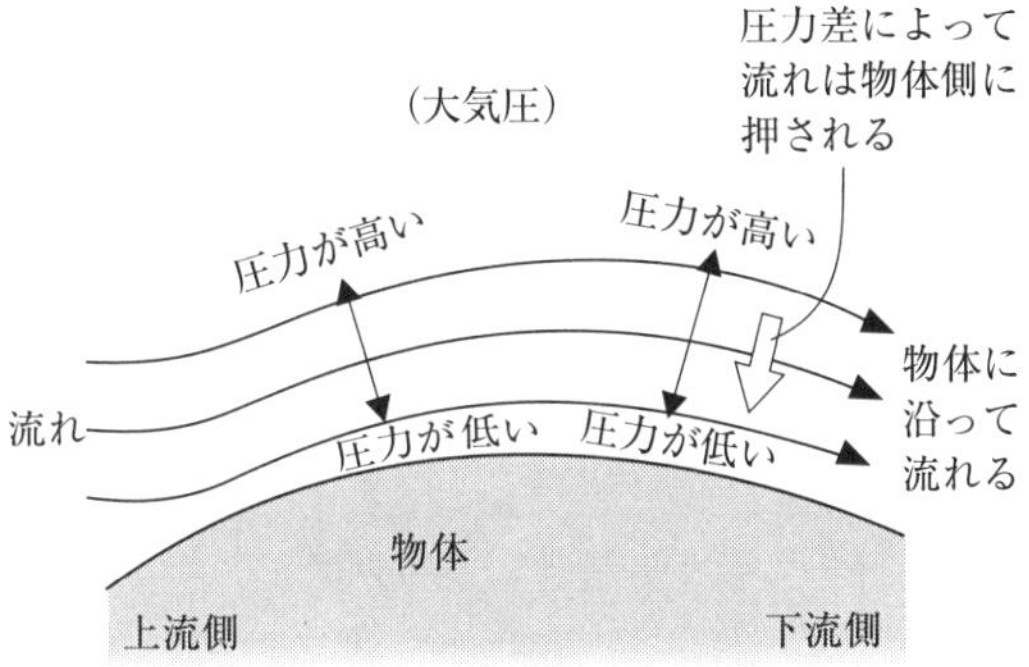
(大気圧)
圧力差によって
流れは物体側に
押される
圧力が高い
圧力が高い
流れ
圧力が低い
圧力が低い
物体に
沿って
流れる
物体
上流側
下流側

凸な曲面に沿う流れ

コアンダ効果を考えるため、図のような凸な曲面に沿う流れに着目してみましょう。

物体の上流側に流れがあたり、流線に曲がりができます。物体に沿う流線の曲がりの外側(物体からずっと離れたところ)では大気圧ですが、項目21(123ページ)で説明した通り、曲がりの内側ほど圧力は下がり、物体表面では大気圧よりも低い圧力となります。この圧力差によって、流れは内側方向に押される、つまり物体に付着しやすくなります。

言いかえれば、流れは何かのきっかけで曲げられると、さらにその方向に曲がろうとする性質を持つということです。そのため、物体の下流側でも曲面が凸になっていれば、流れはさらに内側に曲がろうとして、物体に沿って流れることになります。流れが曲がり始めるきっかけには、さまざまなものがあります。

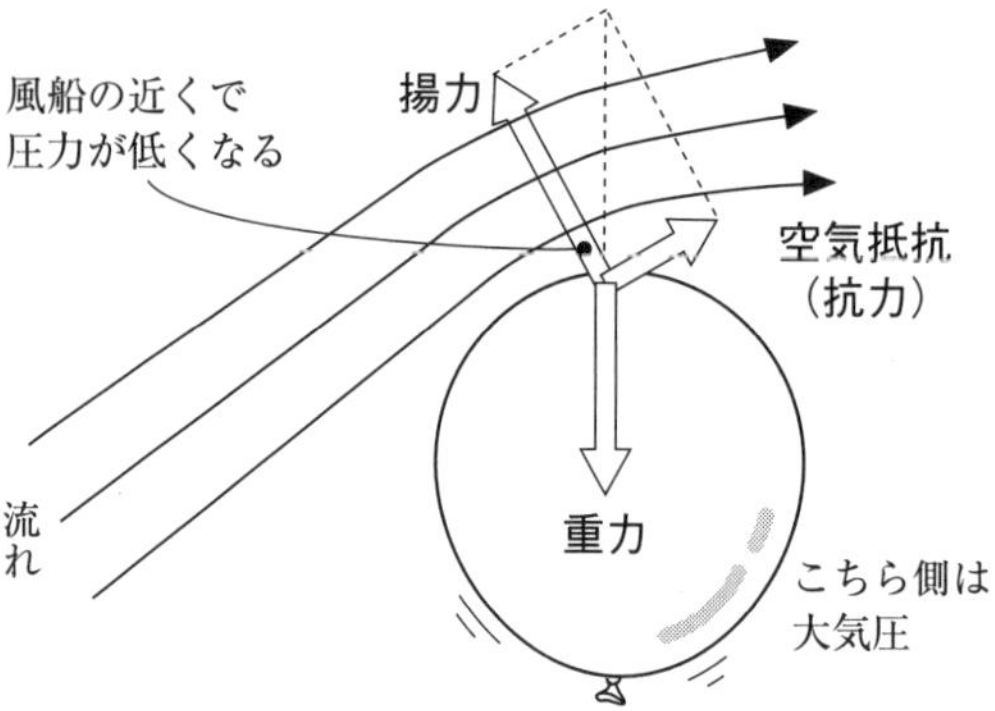
風船の近くで
圧力が低くなる
揚力
空気抵抗
（抗力）
重力
流れ
こちら側は
大気圧

コアンダ効果と風船

前ページの例では、上流側が凸な曲面であることがコアンダ効果のきっかけとなりました。また、パイプなどから吹き出された流れ（噴流）をあてたとき、流れが広がろうとする作用もきっかけとなります。流れが乱流（項目13・75ページ）の場合、その乱れが流れを広げ、きっかけとなることもあります。つまり、きっかけはどのようなものでもかまいません。少しでも曲面に沿い始めれば、流れはさらにその方向に曲げられ、物体に沿って流れます。

「やってみよう」では、風船の上部にあてた流れがコアンダ効果で風船に沿いました。流線は上に凸に曲げられ、流線曲率の定理（項目21）から、曲がりの外側（上方）では大気圧、曲がりの内側（風船表面）では大気圧より低くなります。風船の反対側では大気圧であり、圧力差で風船には斜め上に揚力がはたらきます。空気抵抗との合力が、風船にはたら

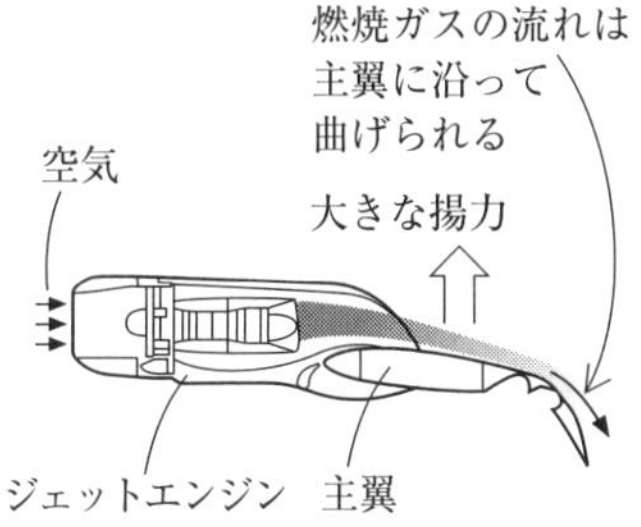
燃焼ガスの流れは
主翼に沿って
曲げられる
空気
大きな揚力
ジェットエンジン
主翼

飛鳥のコアンダ効果

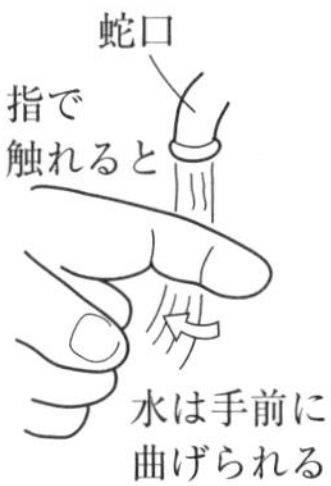
蛇口
指で
触れると
水は手前に
曲げられる

水の流れと指

く重力とつり合う位置で風船は宙に浮いたのです。

別の例として、右図のように水道の流れに指を触れてみると、コアンダ効果によって流れは指に沿って回り込みます。二つめの、スプーンを使った遊びでも水の流れはスプーンに沿って曲げられました。項目21の「やってみよう」で流れが紙コップに沿ったのもコアンダ効果です（124ページ）。

「どう役立つ？」の「飛鳥」の燃焼ガスも、コアンダ効果で主翼に沿って流れ、翼の後ろで下向きに流出しています。「やってみよう」の風船と同じように上向きの力がはたらくのです。通常の翼に比べて流線の曲がりが大きく、より大きな揚力が発生するため、短距離での離着陸が可能になります。

以上の例で力が発生した原因は、部分的に見ると流線の曲がりによる圧力差ですが、全体として見ると流れが曲げられたことによる反作用ともいえます。

コラム　ストローで吹いてあやつる雪だるま

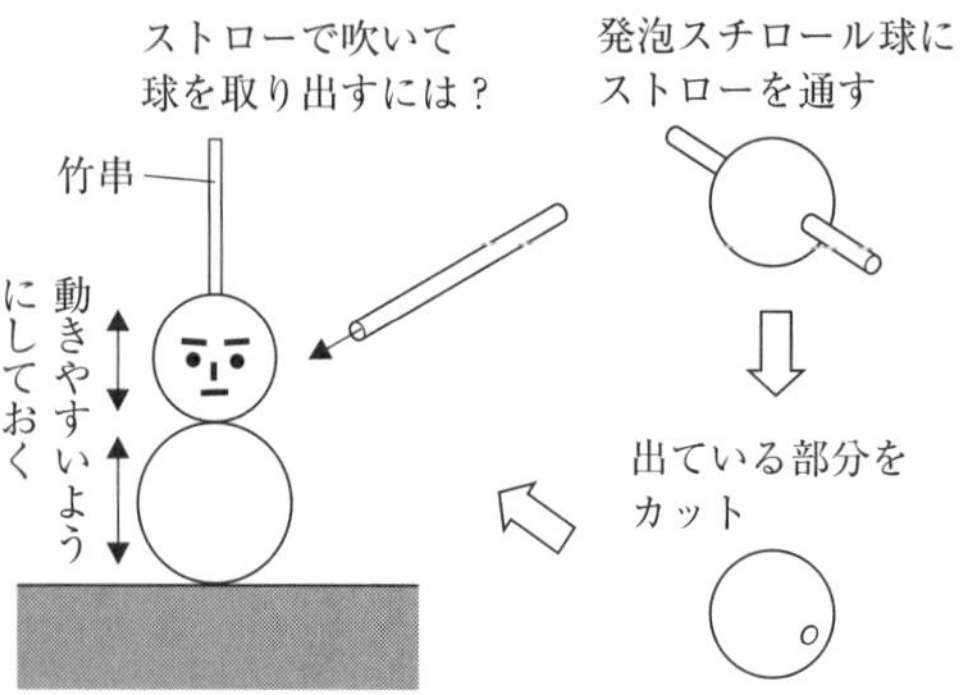

ストローで吹いて
球を取り出すには？
発泡スチロール球に
ストローを通す
竹串
動きやすいようにしておく
出ている部分を
カット

雪だるまのおもちゃ

「コアンダ効果」（項目22）を利用した遊びを、もう少し発展させてみましょう。

発泡スチロール球を用意します（模型材料店か手芸用品店などで売っています）。ドライバーなどで穴をあけてストローをさし、出ている部分をはさみで切ります。これを大小二個作り、板に立てた竹串に通します。ストローをさしたことで、軽く動くようになっているはずです。

ここからが遊びです。これを別のストローで吹いて、球を一つずつ串から取り出してください。どのような方向から、どこを吹くかが問題です。

この問題には、初級、中級、上級の三通りの答えがあります。いろいろな方法をためして、考えてみてください。

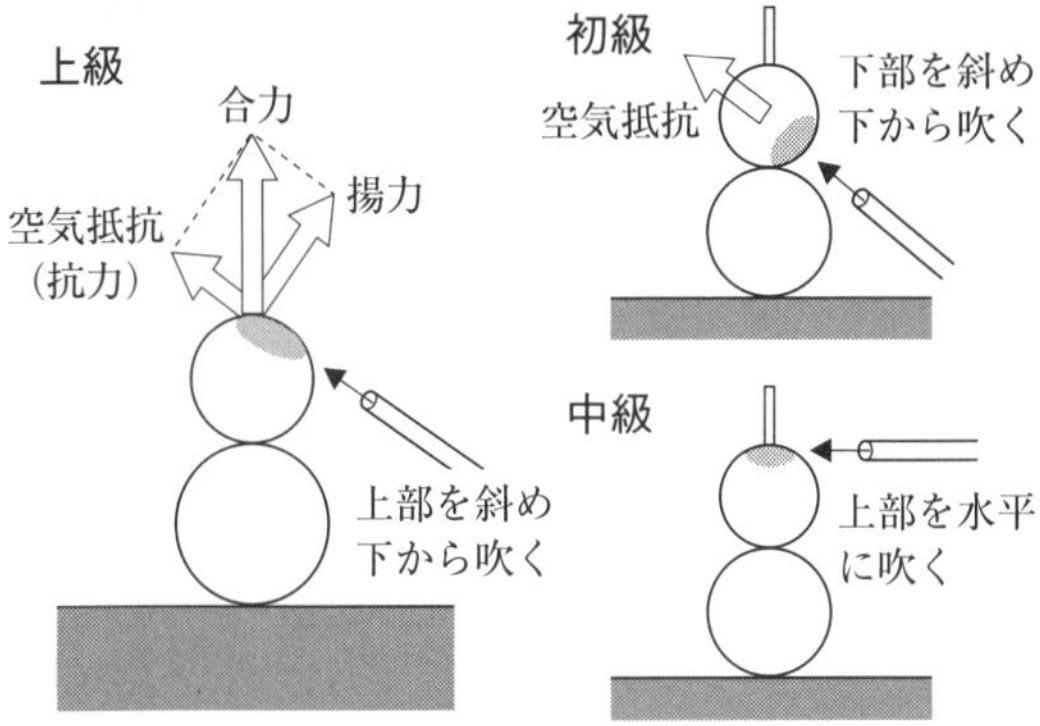
上級
合力
揚力
空気抵抗
(抗力)
上部を斜め
下から吹く
初級
空気抵抗
下部を斜め
下から吹く
中級
上部を水平
に吹く

3つの答え

まず、初級の答え。これは空気抵抗を利用するもので、球の下部を斜め下から吹きます。上の球は何とか取り出せるかもしれませんが、この方法では下の球は取り出せません。

次に、中級の答え。少し流体力学を知っている人は、球の上の部分を水平に吹くでしょう。流れがあたる上部では流線が曲がり、流線曲率の定理から、表面の圧力が下がり、揚力で球が持ち上げられます。ちなみに、このことをベルヌーイの定理（項目18）で説明する人がいますが、適切ではありません。

最後に、上級の答え。球の上部を少し斜め下側から吹きます。項目22の風船（132ページ）と同様に、揚力（流れに垂直な力）と空気抵抗（下流方向に押される力）の合力がまっすぐ上向きになるくらいの角度で吹きます。球と竹串との摩擦力がほとんどなくなるため、スムーズに浮き上がります。

23 はく離1

ドライヤーで箱に風をあてると、その後ろにたらしたティッシュペーパーは手前にたなびきます。この現象は、空気抵抗に影響を与えています。

やってみよう

1

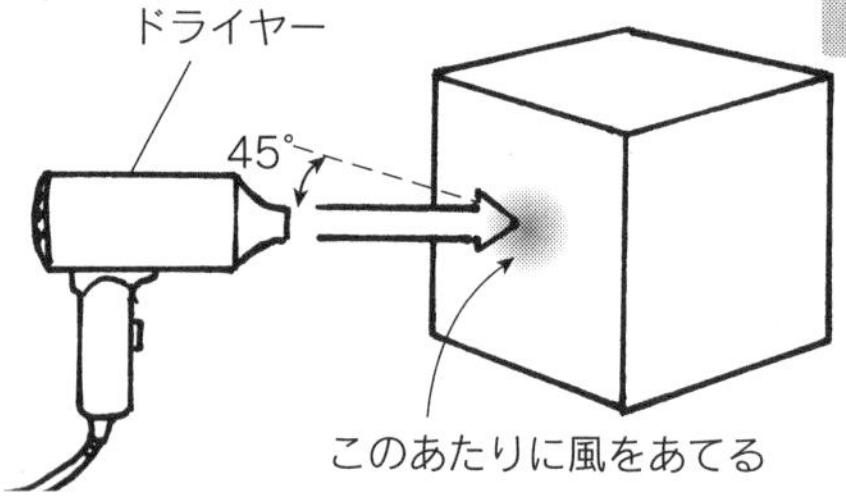
ドライヤー
45°
このあたりに風をあてる

四角い箱を置いて、図のようにドライヤーで風をあてます。風は箱に対して45°くらいの角度であてます。

2

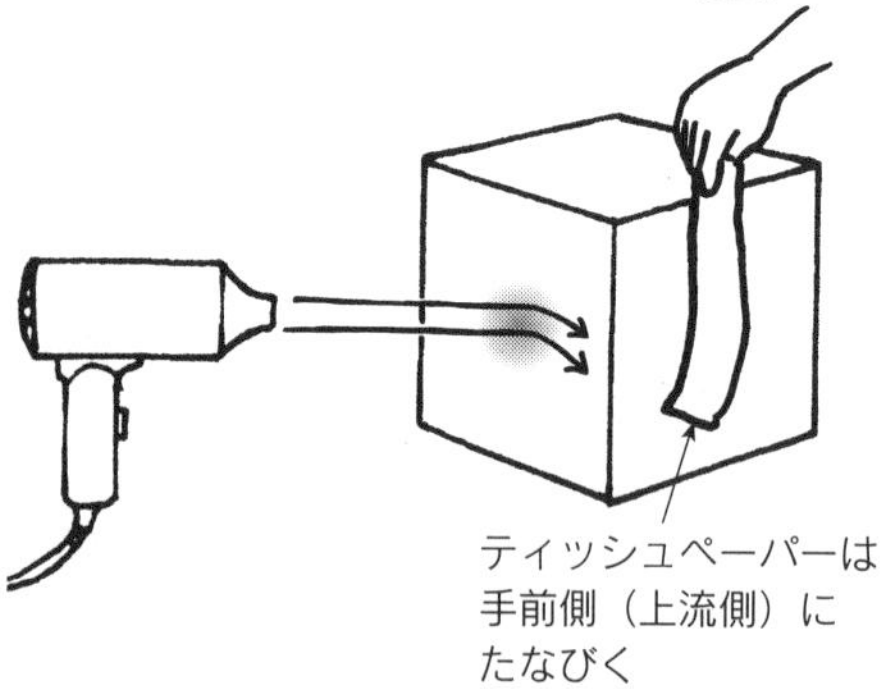
ティッシュペーパーは
手前側（上流側）に
たなびく

風をあてた面の後ろ側に、細く切ったティッシュペーパーをたらすと、箱に沿って手前側にたなびきます。

どう役立つ?

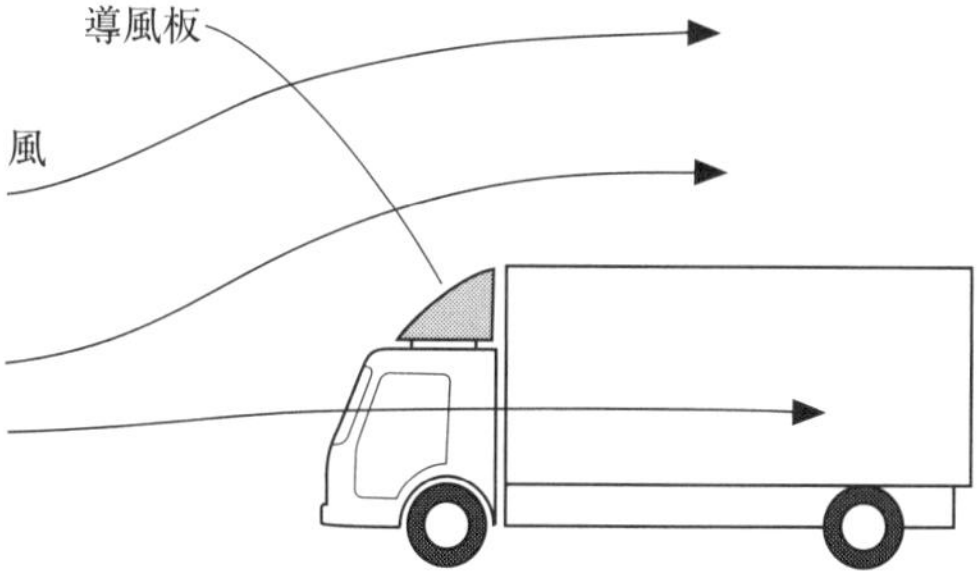

トラックの導風板

長距離輸送用のトラックで、図のように運転席の上に曲面の板が取り付けられているのを見かけたことがあると思います。これは導風板と呼ばれるもので、空気抵抗を小さくするために取り付けられています。

この原理は、「やってみよう」でティッシュペーパーが手前にたなびいたことと関係しています。箱の背後では渦ができ、流れが循環しています。このような渦ができると空気抵抗が大きくなります。

車の形状に角があると、風が斜めにあたった結果、その背後に渦ができます。導風板はこれを防ぎ、空気の流れがスムーズに車体に沿って進むようにしています。渦をできにくくし、空気抵抗を抑えているわけです。空気抵抗の影響は高速走行するときほど大きくなり、導風板は高速道路を長距離輸送する場合にその威力を発揮します。

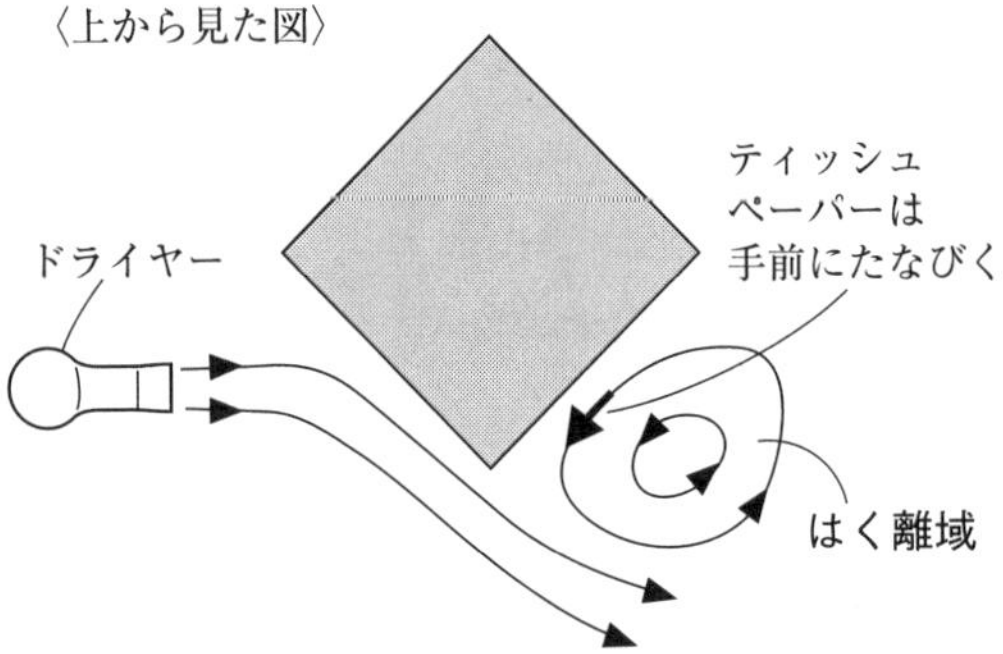
〈上から見た図〉
ドライヤー
ティッシュ
ペーパーは
手前にたなびく
はく離域

四角い箱のまわりの流れ

四角い箱に風をあてると、角の部分で流れが回り込めないため、図のように流線が箱から離れてしまいます。箱の背後では渦ができ、流れが循環する領域ができます。このような現象を流れの**はく離**といいます。また、流れが循環している領域を**はく離域**といいます。

「やってみよう」では、はく離域にティッシュペーパーを入れたので、ティッシュペーパーは箱に沿って手前側にたなびいたのです。

一般に物体まわりの流れではく離が起こると、流体の抵抗（物体を下流方向に押す力）が急激に大きくなることが知られています。物体の前面側の圧力に比べて、物体背後のはく離域では圧力が低くなり、前後の圧力差から抵抗が大きくなるからです（なお、流体による抵抗のことを**抗力**〔項目27・159ページ〕といいます）。四角い箱の角や急激に流路の面積が拡大

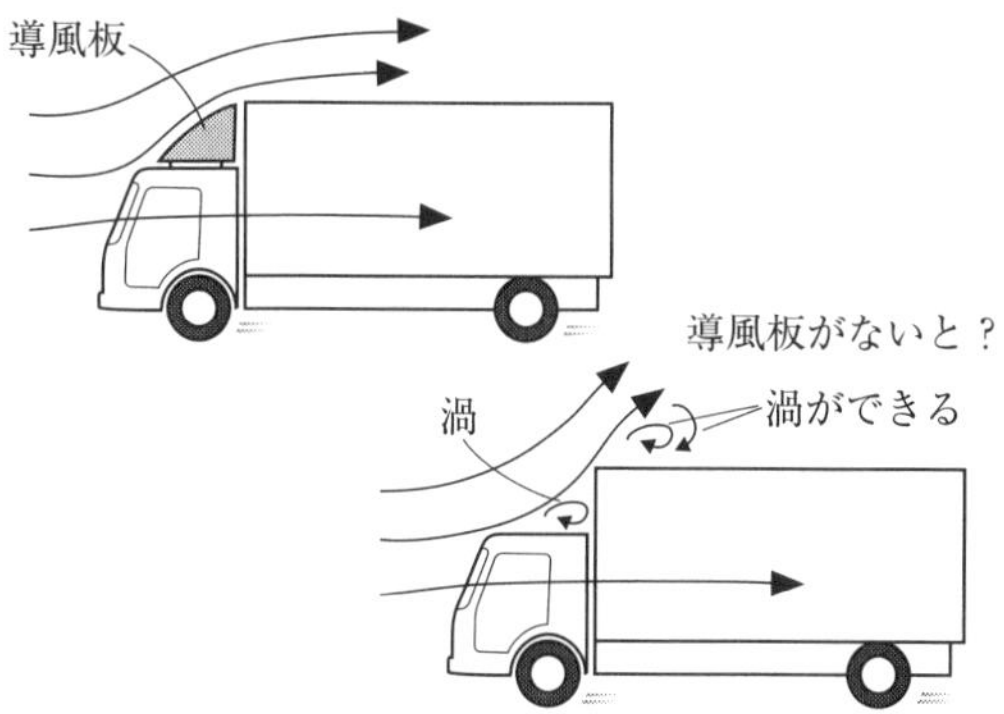

トラックの導風板

するところで、はく離が起こりやすくなっています。物体が受ける抗力を小さくするための重要なポイントは、はく離が起きにくい形状を設計することです。「どう役立つ？」のトラックの導風板は、この目的で使われています。導風板によって流れが急激に曲げられないようにしてはく離を抑えているのです。導風板がない場合には、右下図のように運転席の上部と荷台の先頭角部ではく離が起こり、空気抵抗（抗力）が大きくなります。

このような導風板は、特に高速走行でその威力を発揮します。抗力は、速度の二乗にほぼ比例するという性質があり、たとえば高速道路を時速一〇〇キロメートルで走るときの空気抵抗は、時速五〇キロメートルで走るときの約四倍になります。長距離輸送するトラックは高速道路を長時間走行するので、導風板は燃費の向上に有効なのです。

24 はく離2

丸い空き缶か、四角い箱かで、風をあてたときに倒れる向きが変わります。その秘密は空気が流出する方向にあります。

やってみよう

1

空き缶
割りばし

図のように、空き缶を割りばしの上に立てます。

2

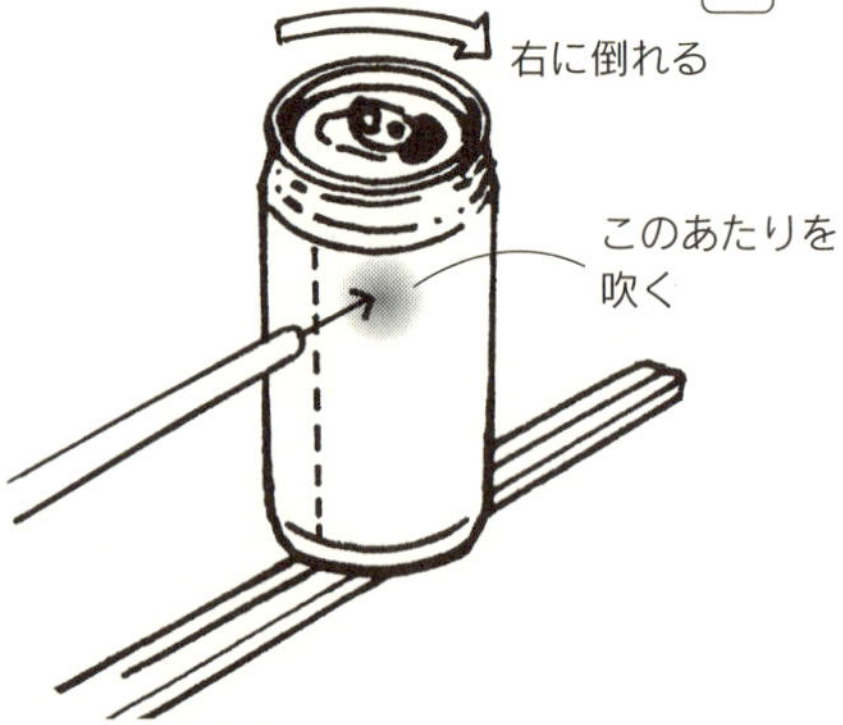

右に倒れる
このあたりを吹く

割りばしと平行な方向からストローで空き缶を吹いてください。空き缶は息をあてた側に倒れます。

3

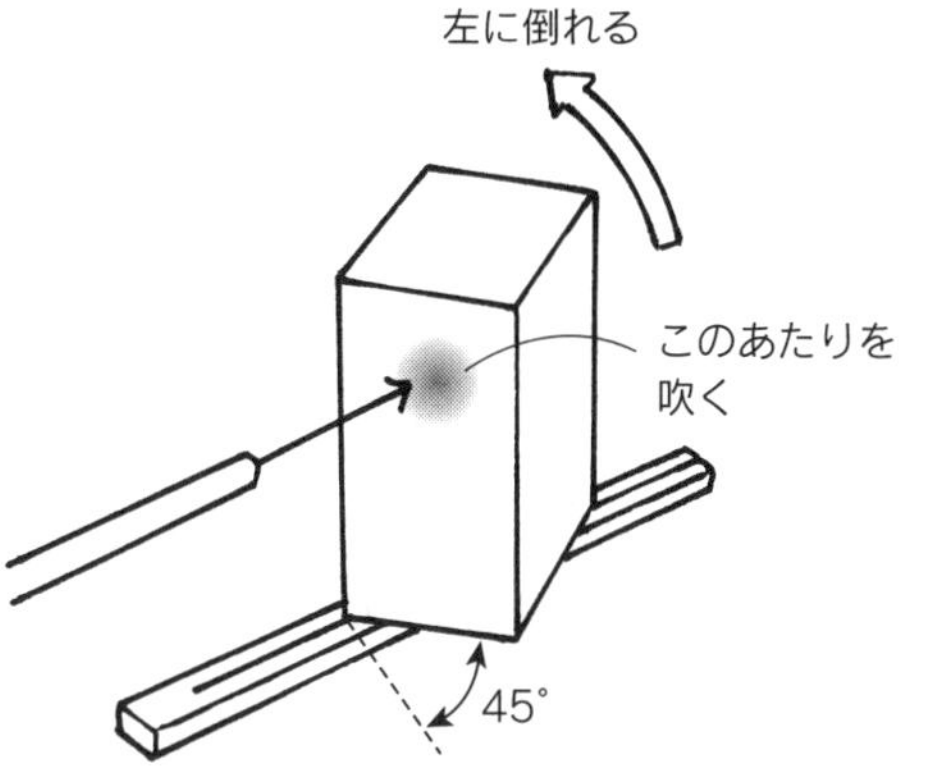
左に倒れる
このあたりを
吹く
45°

次に、四角い箱を割りばしの上に約45°の角度で立て、ストローで吹いてください。箱は息をあてたのとは反対側に倒れます。

4

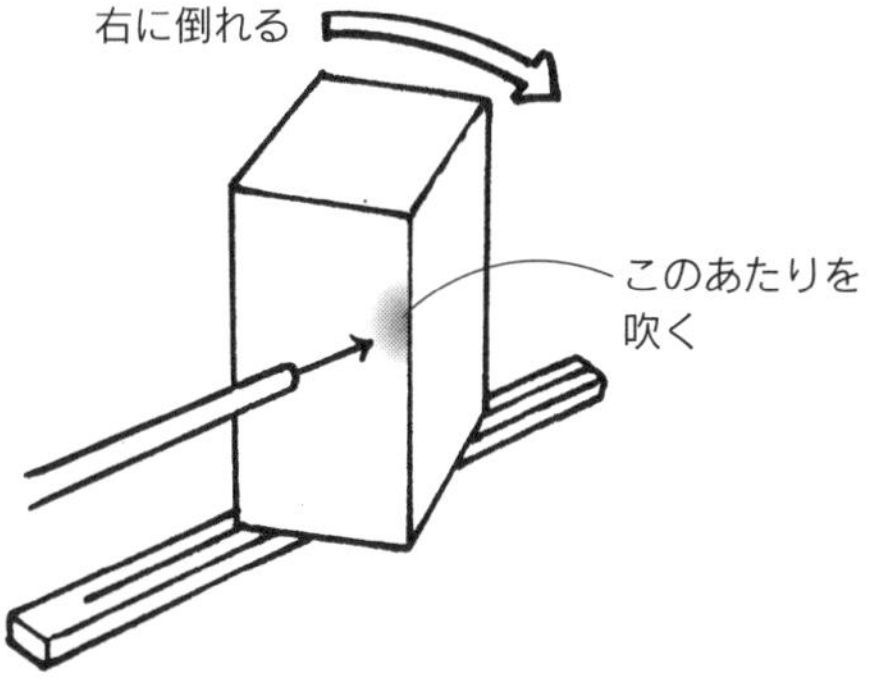
右に倒れる
このあたりを
吹く

四角い箱をもう一度割りばしの上に立て、端を吹いてみます。箱は息をあてた側に倒れます。なぜでしょうか。

空気を上向きに流出させ
ダウンフォースを得ている
力

自動車の後部形状 (写真提供/トヨタ自動車)

自動車の車種によっては、後部が写真のような形(ダックテール形状という)のものがあります。この部分で空気の流れの向きを変え、車にかかるダウンフォース(下向きの力)を大きくしています。「やってみよう」の中で、3だけがほかと違い、箱は風をあてたのと反対側に倒れましたが、ダックテール形状も同じ原理です。3で箱は左方向の力を受け、ダックテール形状は下向きの力を受けています。力の向きは、空気の流れがどの方向に流出するかによって決まります。

項目18の「どう役立つ?」のレーシングカー(104ページ)と同様に、一般車でも高速で走る場合は接地性をよくするためにダウンフォースは必要で、タイヤと路面との摩擦力を大きくしてスリップを防いでいます。ただし一般車では、この形状はデザインとしてのねらいが強いようです。

タネあかし

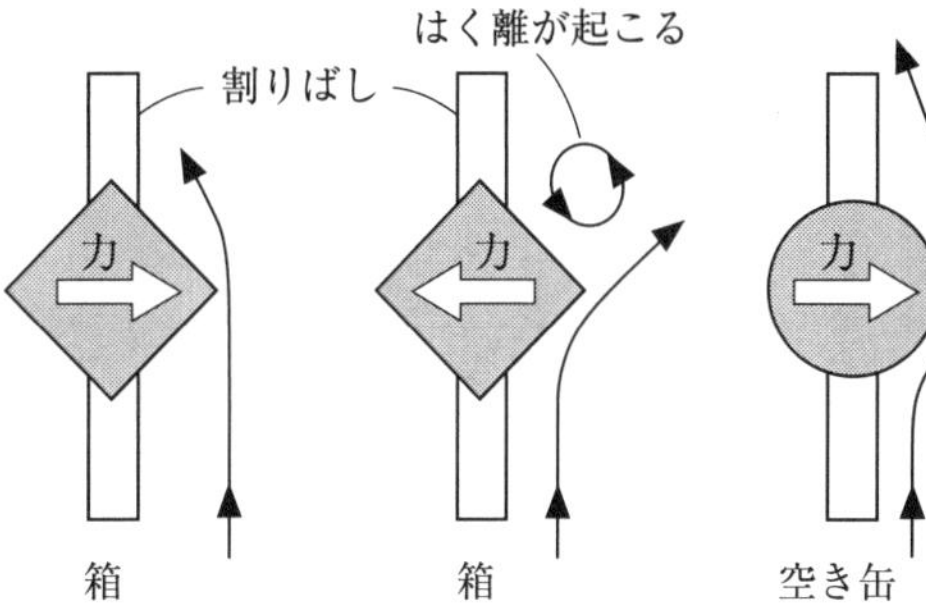
はく離が起こる
割りばし
力
力
力
箱
箱
空き缶
どの場合も、反作用によって流れが曲がるのと
反対方向に倒れる

空気の流れ

丸い空き缶に空気をあてると（右図）、コアンダ効果（項目22）により空気は曲面に沿って流れ、空き缶の後方に回り込んで、ななめ左方向に流出します。空き缶は右向きの力を受けて右に倒れます。

四角い箱（中央図）では、空気は箱の面に沿って進み、角で急に九〇度近く向きを変えることはできないためにはく離します。空気は右に向きを変えるので右向きの力を受け、反作用として箱には左向きの力がはたらき、左に倒れます。丸い缶と四角い箱は、大きなはく離が起こるかどうかによって結果が違ったのです。

四角い箱の端のあたりに風をあてると（左図）、先ほどとは違って、角のところでも流れはそれほど急に向きを変える必要はなく（約四五度で回り込める）、コアンダ効果によって、ある程度背面に回り込みます。空気は左に曲がり、箱は右に倒れます。

25 境界層

物体表面近くの流れは粘性の影響を受けて、速度が小さくなります。これを利用して、簡単な遊びをしてみましょう。

やってみよう

1
糸
紙
糸
糸が揺れるだけ

2本の糸を平行にたらし、その間を吹いてみましょう。糸は揺れますが、特に変わったことは起こりません。

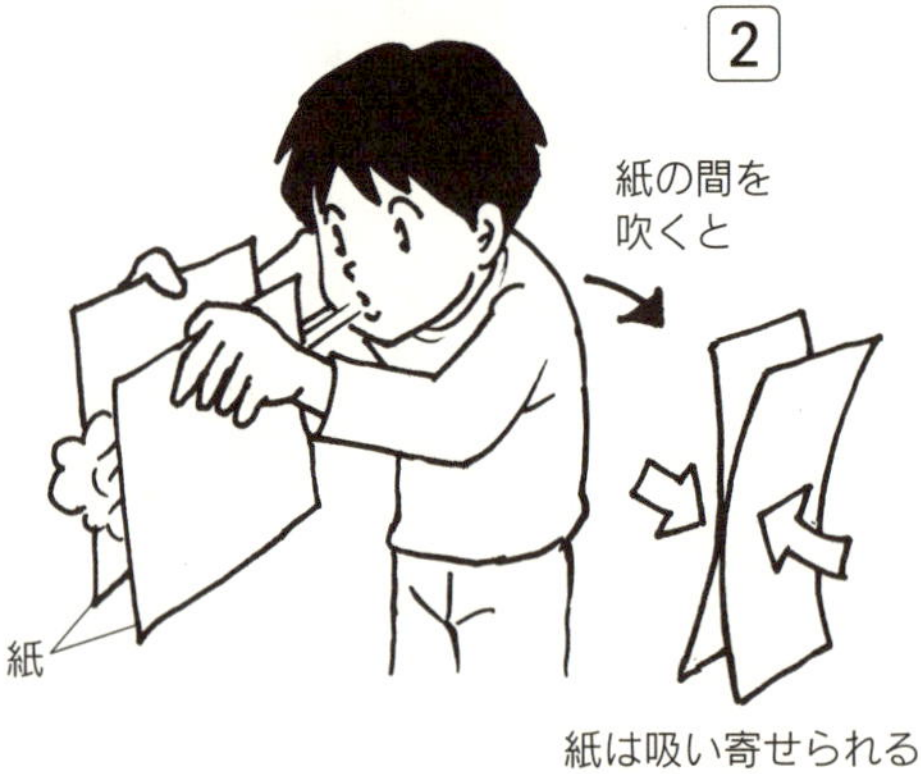
2
紙の間を
吹くと
紙
紙は吸い寄せられる

次に、2枚の紙を平行にたらし、同じように間を吹いてみます。紙は、中央に吸い寄せられます。

どう役立つ？

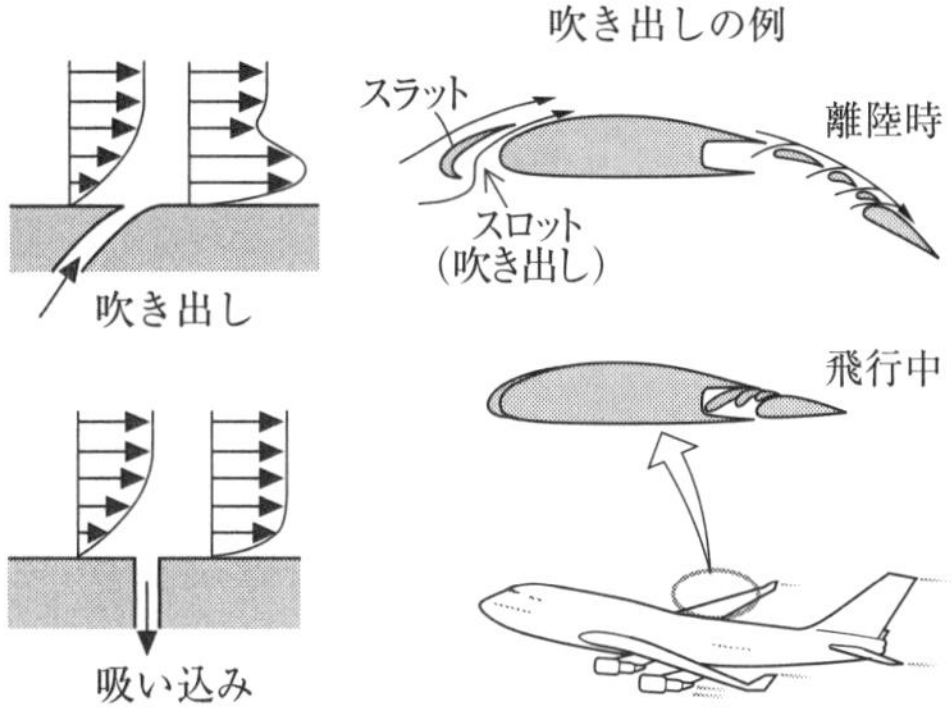
吹き出しの例
スラット
離陸時
スロット
（吹き出し）
吹き出し
飛行中
吸い込み

境界層制御のいろいろ

物体に沿って流体が流れるとき、粘性の影響によって物体表面近くの流れは遅くなります。この領域を**境界層**といいます。「やってみよう」で紙が近寄ったのは、境界層の影響が現れたものです。

境界層は、空気抵抗や水の抵抗などに大きな影響を持っています。そこで、この境界層をコントロール（制御）して、抵抗を小さくしたり、装置の性能を良くしようとする考え方があります。このような技術を総称して境界層制御といいます。

図はその例です。境界層吹き出しは、表面にあけた小さな穴から速い流れを吹き出して境界層（速度の遅い領域）を少なくしようとするもので、飛行機の翼のスラットなどで使われています。吸い込みは、表面の穴から速度の小さい部分を吸い取って、やはり境界層を薄くします。二つとも、境界層を薄くすることによって性能を向上させるねらいです。

タネあかし

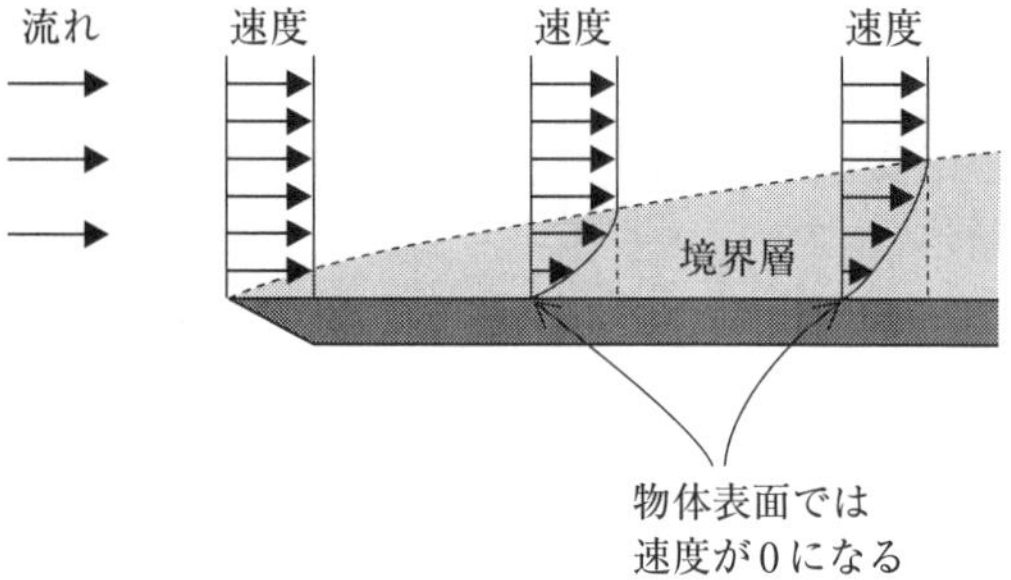
流れ
速度
速度
速度
境界層
物体表面では
速度が0になる

境界層

物体近くの流れでは、物体と流れとの間で粘性摩擦（項目2、20ページ）がはたらきます。これがブレーキとなり、物体表面では速度がゼロ、物体表面に近いところほど速度が小さくなります。この速度の小さい領域が**境界層**です。

ほとんどすべての流体は粘性を持っているので、物体表面の近くでは必ず境界層ができています。境界層は、物体にはたらく抵抗（空気抵抗など）に影響を持つだけではなく、流れのはく離（項目23）が起こるのか、起こらないのかなど、全体の流れの性質や性能にも大きく影響します。そのため、「どう役立つ？」の境界層制御が行われるのです。

項目13のゴルフボール（73ページ）のディンプルやサメ肌の水着は、境界層を積極的に乱流にするものです。境界層を乱流にすることではく離を抑え、抵抗を小さくしています。

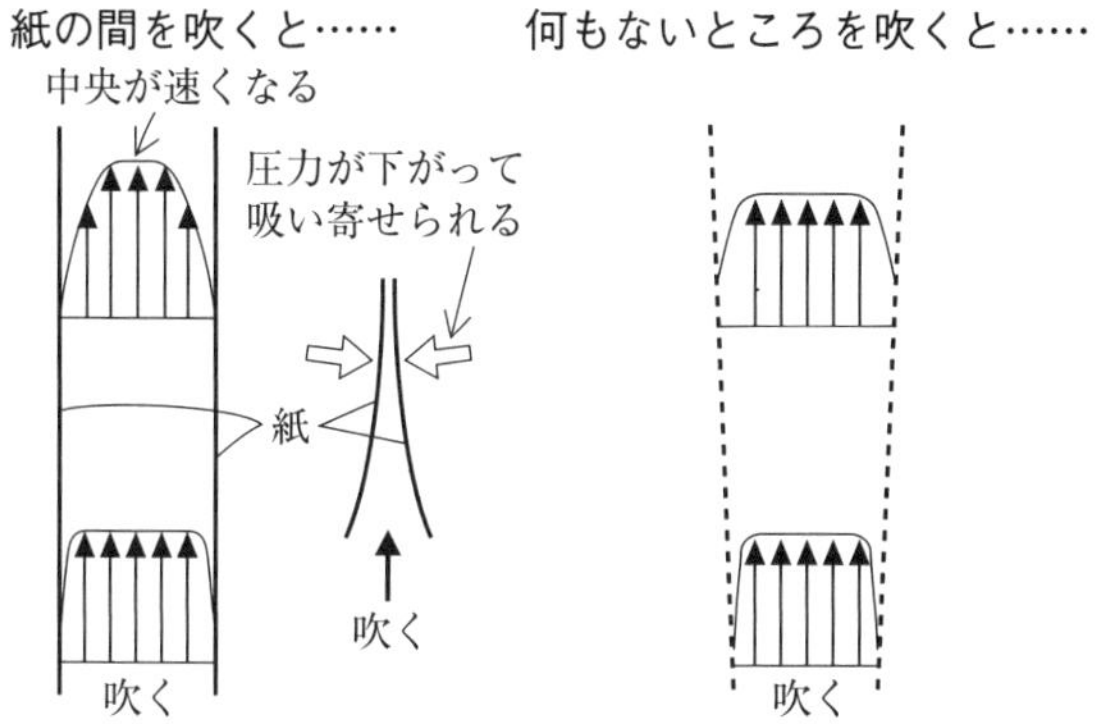
紙の間を吹くと……
中央が速くなる
圧力が下がって
吸い寄せられる
紙
吹く
吹く
何もないところを吹くと……
吹く

紙の間を吹くと吸い寄せられる理由

では、「やってみよう」のタネあかしをしましょう。何もないところを吹いた場合、息で作られる「流れ」の圧力はほぼ大気圧です。「息を吹くとその部分の流れが速くなり、ベルヌーイの定理（項目18）から圧力が下がる」という説が一部にありますが、これは間違いです。「やってみよう」で糸が中央に近寄らないことからもわかるように、まわりに何もなければ、息の速度が大きくても口を出たときからほぼ大気圧（まわりの圧力と同じ）になっています。

二枚の紙の間を吹くと、紙の表面に沿って速度の遅い境界層ができます。一方、上流からは息が吹き込まれており、表面近くで流れが遅くなる分だけ、二枚の紙の中央付近に流れが集まり、流れが速くなります。そのため、紙の中央付近では下流に進むほど速度は大きくなり、圧力が下がって（ベルヌーイの定理）、紙が吸い寄せられたのです。

26 流線形

空気抵抗や水の抵抗が小さい形として、流線形があります。流線形ではなぜ抵抗が小さくなるのか、その理由を調べてみましょう。

やってみよう

1

口の部分がとがったペットボトルを用意します。マヨネーズの空容器などもあるとよいでしょう。

2

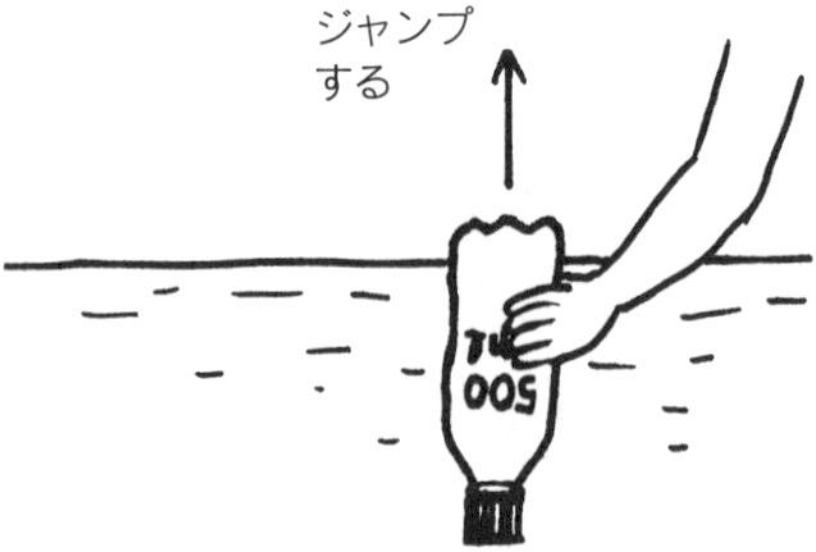

図のように、お風呂に沈めて手を離してください。抵抗の小さい形のものは水面からジャンプします。

3

どちらの方が高く飛ぶ？

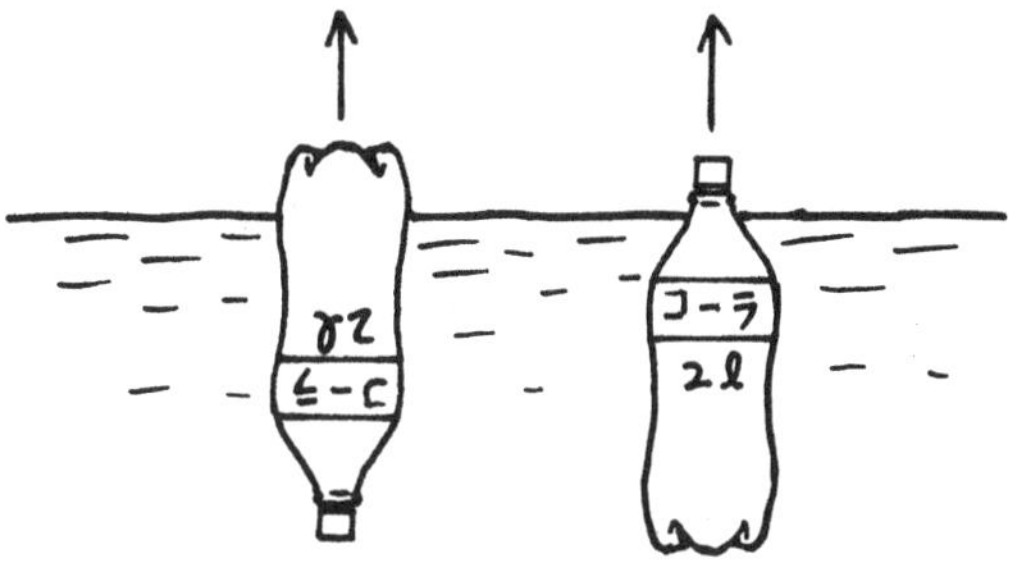

いろいろな形でためしてみましょう。また、上下を逆にしてみるとどうなりますか。抵抗が小さいものほど高く飛びます。

4

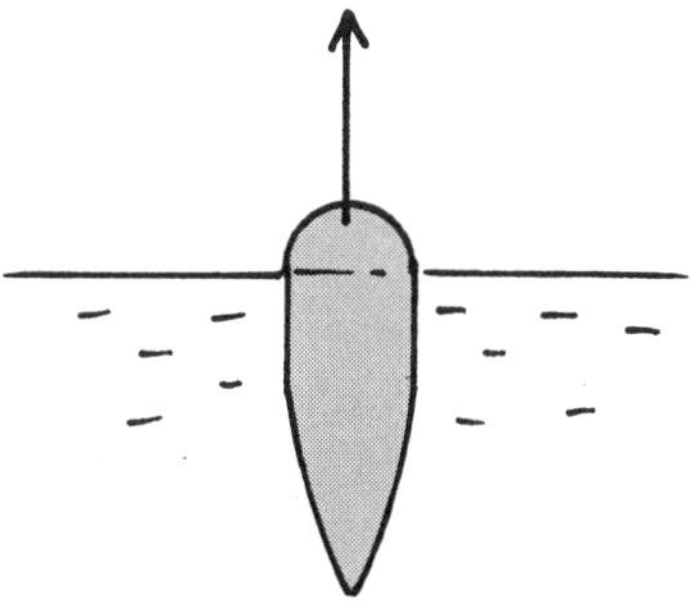

図のような形（流線形）が理想的です。進行方向の前側が丸く、後ろ側がとがっています。この形に近いものはよく飛びます。

どう役立つ?

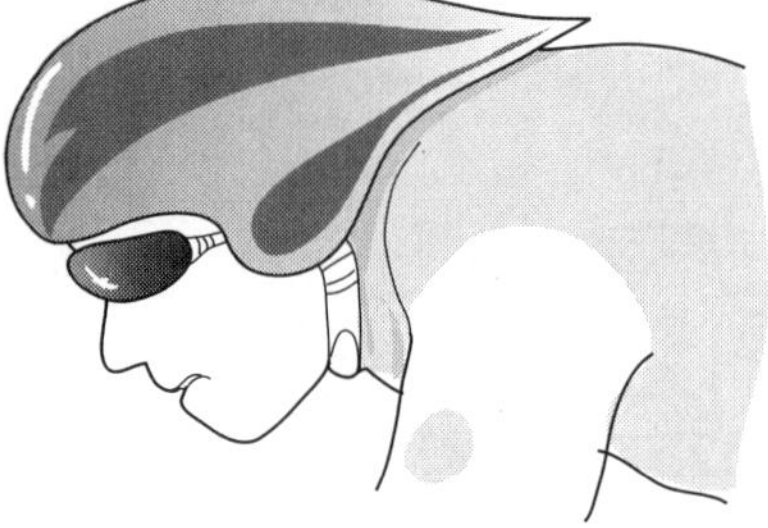

自転車レースのヘルメット

空気抵抗や水の抵抗など、物体が流れから受ける下流方向の力を**抗力**といいます（項目27、159ページ）。流線形は抗力を受けにくい形として知られ、いろいろなものに使われています。

たとえば、自転車レース用のヘルメットがそうです。上流（進行方向）側が丸く、下流側がとがった特徴的な形をしています。特に、下流側がとがっていることが重要です。こうすると、流れのはく離（項目23）が起こりにくく、空気抵抗が小さくなります。自転車レースではわずかな時間差を競うので、少しでも空気抵抗を小さくする必要があるのです。「やってみよう」でも、上流側が丸く、下流側がとがった形に近いものほど、高く飛びます。

魚の体、飛行機の機体、飛行機の主翼、高速のリニアモーターカーなども流線形で、流体の抵抗が小さい、理想的な形状となっています。

タネあかし

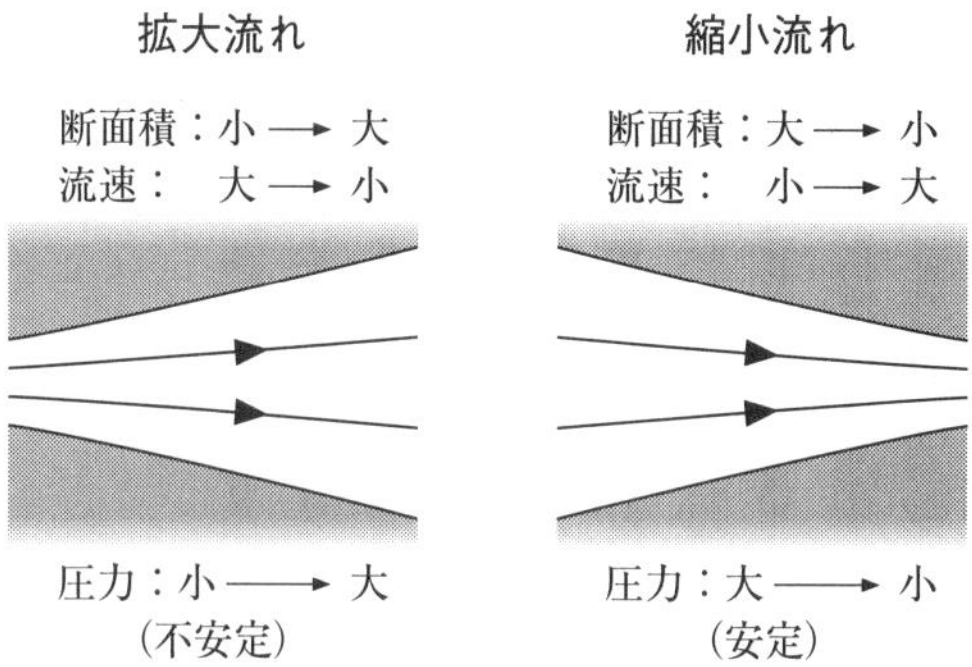
拡大流れ
断面積：小 → 大
流速：　大 → 小
圧力：小 → 大
（不安定）
縮小流れ
断面積：大 → 小
流速：　小 → 大
圧力：大 → 小
（安定）

縮小流れと拡大流れ

流線形は抵抗（抗力）の小さな形状ですが、その理由ははく離を抑えていることにあります。それを調べる前に、まず、なぜはく離が起きるのかを考えてみましょう。

図に示した縮小流れと拡大流れを考えます。縮小流れとは、下流へ進むほど流れが狭まっているものです。下流ほど流路の断面積が小さく、流速が大きくなるので、ベルヌーイの定理（項目18）から、圧力が下がっていくことがわかります。したがって、高圧側から低圧側に流れていて、自然な流れであり、安定しています。

一方、拡大流れとは、下流へ進むほど流れが広がっているものです。下流ほど流路の断面積が大きく、流速が小さくなるので、圧力が上がっていきます。自然な流れ（高圧から低圧へ）に逆行し、低圧側から高圧側に流れ、不安定な流れとなっています。

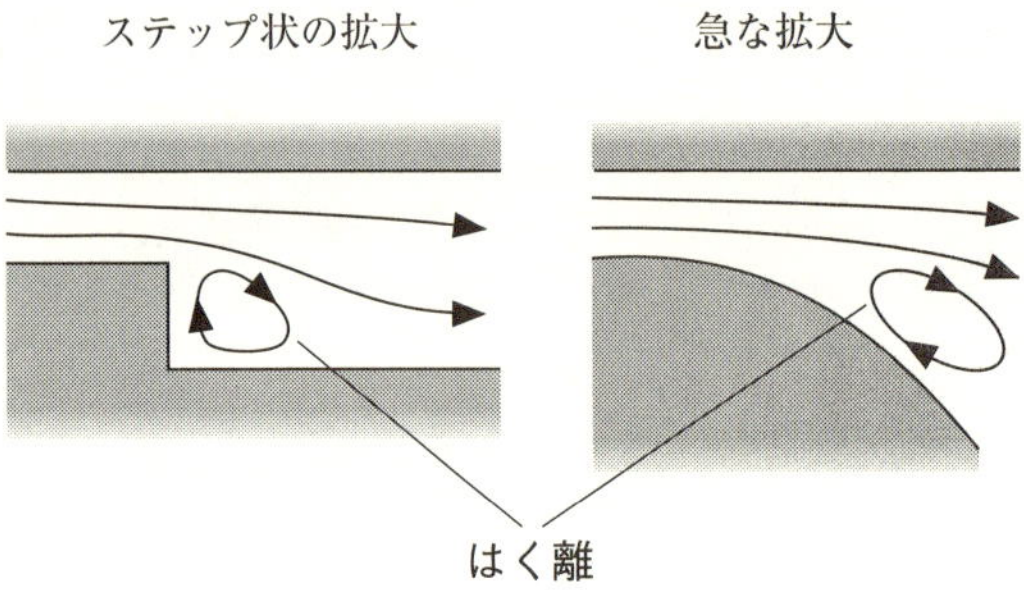

はく離を起こしやすい流れ

一般に、流れは高圧側から低圧側に流れるのが自然な姿ですので、拡大流れでは、何かのきっかけで逆流が起きやすくなっています。

図のような急激な拡大流れやステップ状の拡大流れでは、流れが急に広がるため、固体表面付近で逆流が起こります。拡大部で逆流し、流れが循環します。これが流れの**はく離**（項目23）です。このように拡大流れでは圧力が上昇する方向に流れますので、はく離を起こしやすく、細心の注意をはらって設計しなければいけません。はく離が起きると抵抗（抗力）は急激に大きくなり、エネルギー損失も大きくなります。抵抗を小さくするためには、急激な拡大が起きないようにすることが鉄則です。

これに対して、縮小流れでは圧力が減少する方向に流れるので、はく離は起こりません。したがって、縮小は多少急激に起きるようにしてもかまいません。

はく離を防ぐための形

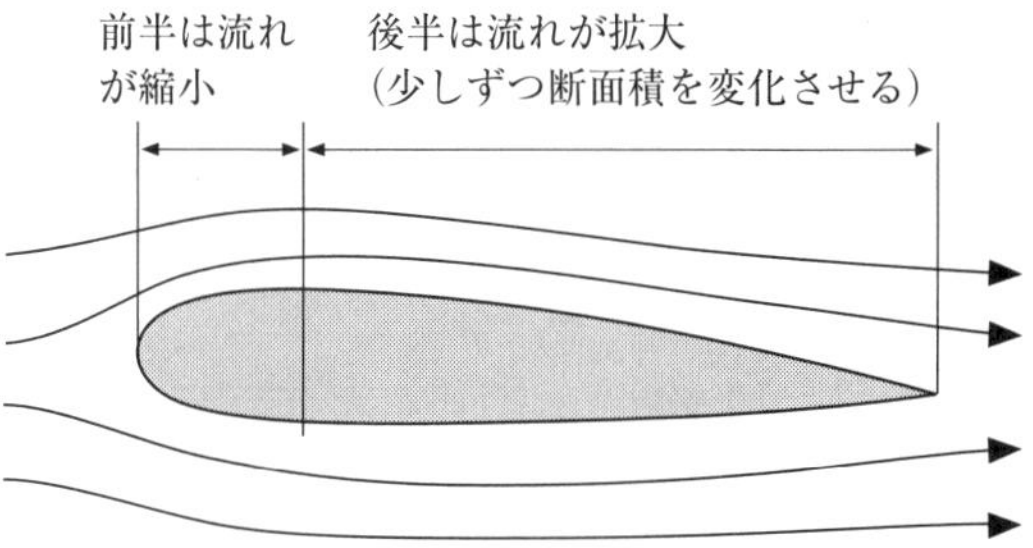
前半は流れが縮小
後半は流れが拡大（少しずつ断面積を変化させる）

流線形

これらを踏まえて抵抗の小さな形を考えてみると、**流線形**に行きつくのです。

流線形の前半部分では流路の断面積は狭められるので、縮小流れになります。そのため、はく離は起こらないので、物体の太さは多少急に変えてもかまいません。ただし、先端をとがらせると、流れの向きが変わったときに、先端で流れは急に曲がらなくてはならず、回り込めないため、はく離が起こります。それを防ぐために、丸い形にしておきます。

後半部分は、下流ほど流路の断面積が大きくなっていくので拡大流れになります。急激な拡大や角などははく離の引き金になるので、少しずつ流路の断面積を大きく、つまり物体形状は少しずつ細くします。結果として、後ろがとがった形になります。

以上のように、流線形とは抵抗を小さくするための必然的な形であるといえます。

コラム　ドルフィンジャンプ（水の浮力で高飛びするおもちゃ）

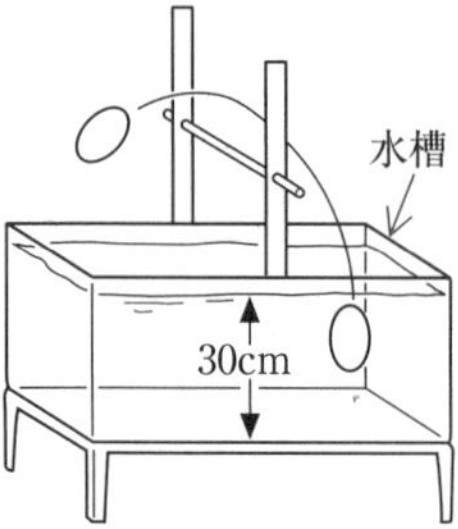

競技用水槽

「流れのふしぎ展」（118ページのコラム参照）では、水の浮力を利用した「ドルフィンジャンプ」というコンテストを行ったことがあります。

図のように、水深三〇センチメートルの水槽の中に作品を沈めて手を離し、浮力を利用してジャンプさせます。そして越えたバーの高さを競うというものです。ここでカギをにぎっているのが、流線形（項目26）なのです。

この競技は、子供から大学生、一般の方まで同じ水槽でいっしょに行います。毎年、多くの参加者があり、盛り上がります。小学生でも大人顔負けの活躍をする人もいて、大人も油断はできません。

これまでは、発泡スチロールを使ったものが比較的好成績をおさめていますが、ほかにもペットボト

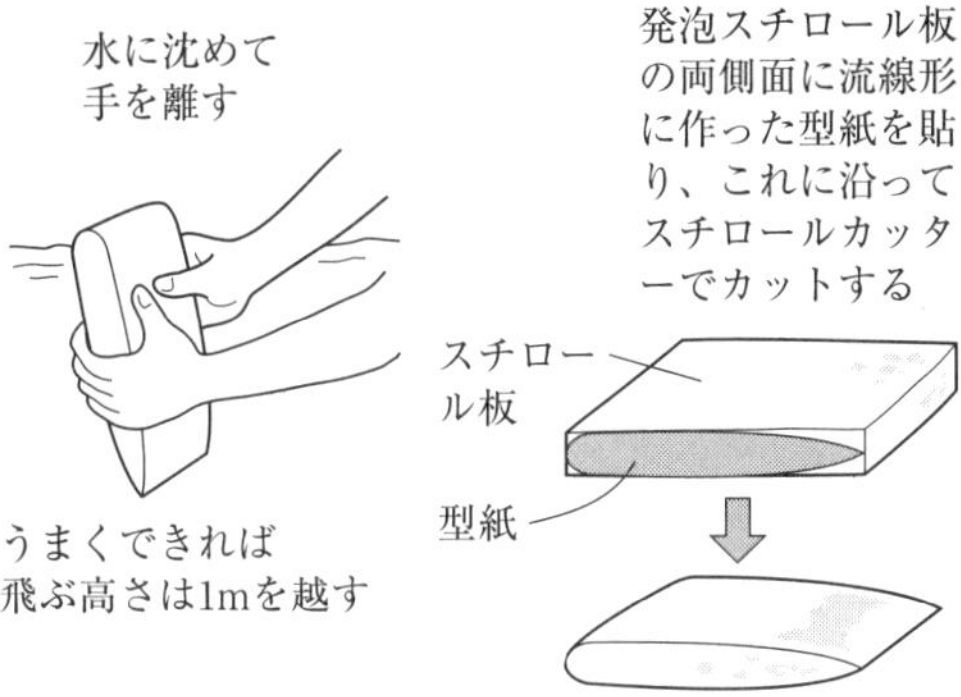
水に沈めて
手を離す
うまくできれば
飛ぶ高さは1mを越す
発泡スチロール板の両側面に流線形に作った型紙を貼り、これに沿ってスチロールカッターでカットする
スチロール板
型紙

ドルフィンジャンプ

ルを利用したものなど、いろいろな作品が登場しています。

図はその一例です。発泡スチロールの板や角材を用意し、いわゆる流線形にカットします。発泡スチロール用のカッター（三〇〇〇円くらい）を使うときれいに切れます。道具があれば、数分で作ることができて、一メートルくらいは飛ばせます。水がはねますから、家で行う場合はお風呂で飛ばすとよいでしょう。

あるコーラのペットボトルは、空にするだけで、なんの加工もせずに、五〇センチメートルくらい飛ばすことができます(口を下にして沈め、手を離す)。二〇〇三年の第九回大会までの大会記録は、静岡大学の留学生が作った一・五メートルです。これは発泡スチロールの板を流線形に切り、表面を防水加工したものでした。

27 揚力1

飛行機を浮上させている力が、翼《よく》にはたらく揚力です。身のまわりのものを使って翼を作ってみましょう。

やってみよう

1

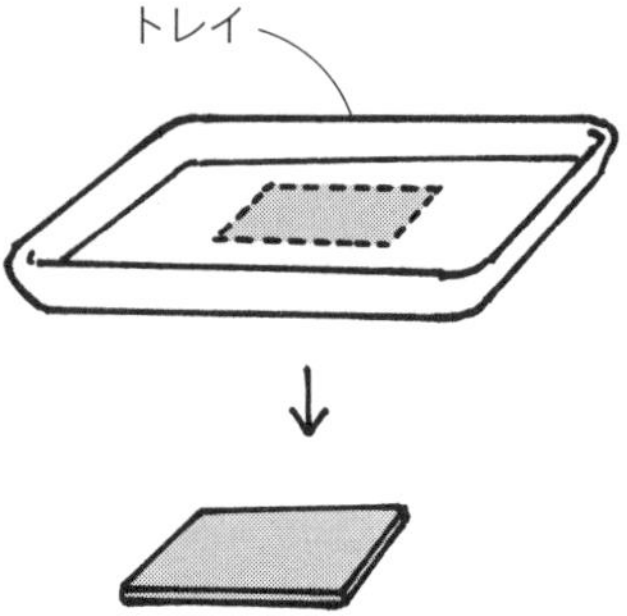

トレイ

発泡スチロールのトレイから四角い板を切り出します。

2

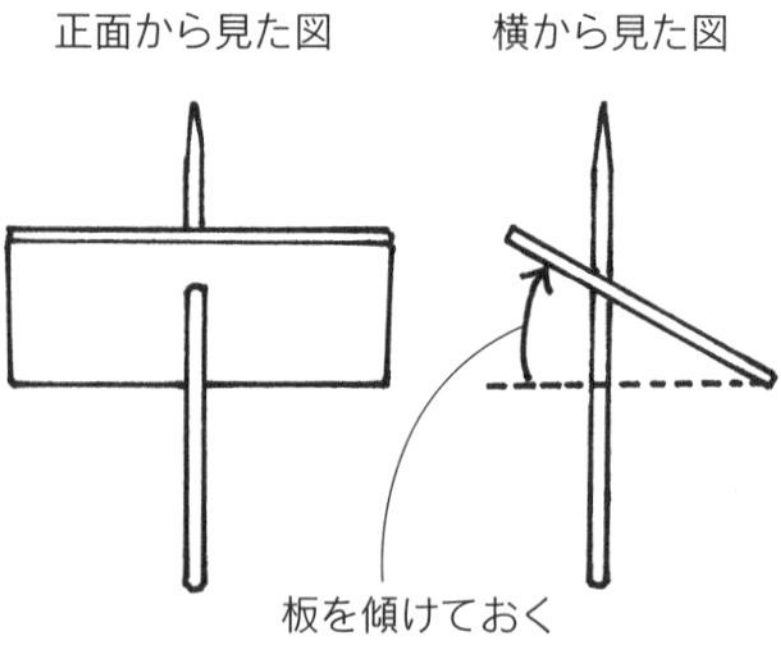

正面から見た図
横から見た図
板を傾けておく

これを少し傾けて、図のように竹串にさします。

3

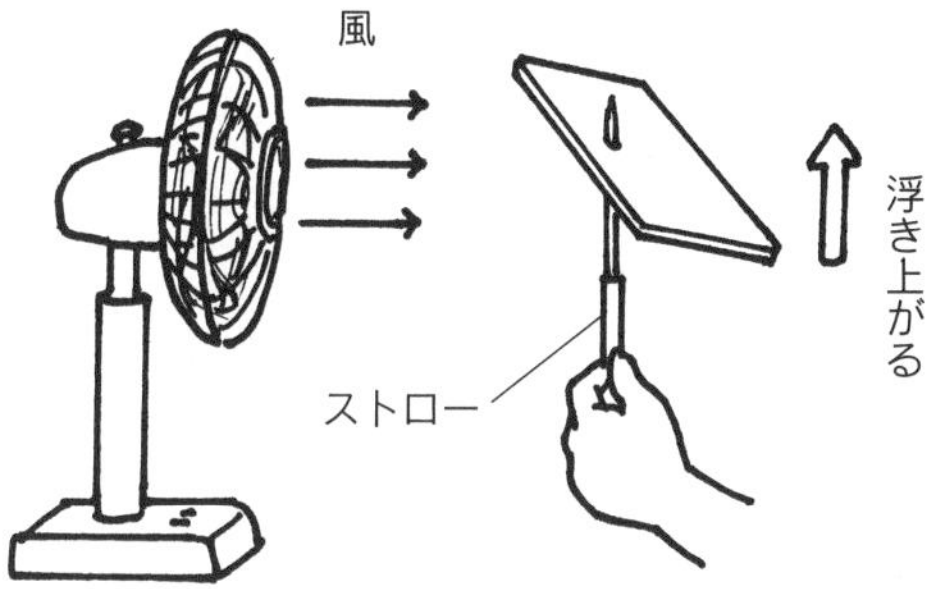
風
ストロー
浮き上がる

ストローにさして、扇風機やドライヤーで風をあてると、板は浮き上がります。これは一種の翼となります。

4

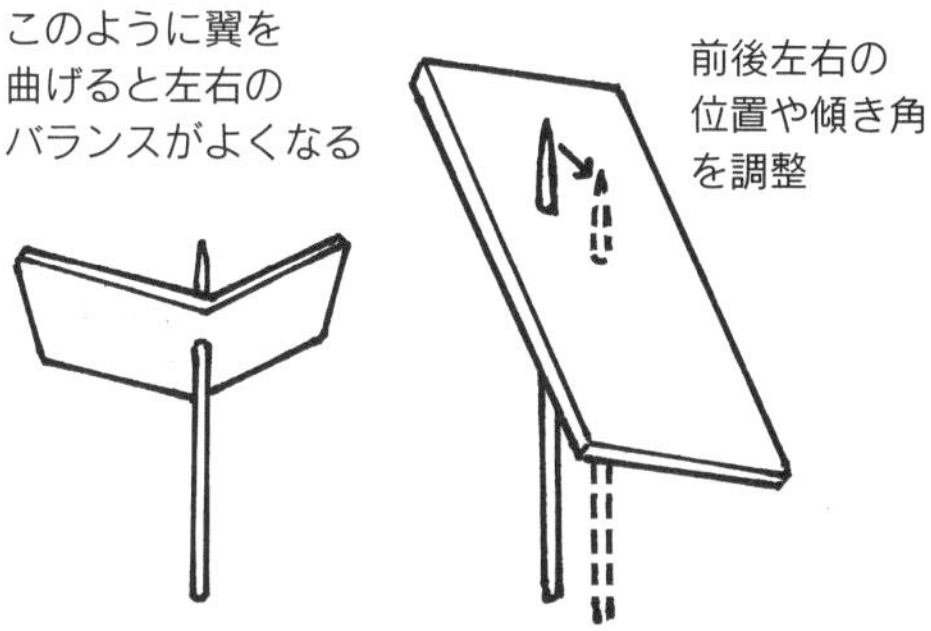
このように翼を
曲げると左右の
バランスがよくなる
前後左右の
位置や傾き角
を調整

バランスが悪いときは、竹串をさす位置や角度を調整してください。

どう役立つ?

飛行機の主翼　（写真提供／富士重工業）

「やってみよう」で作ったものは一種の翼《よく》です。これは平らな板を使っていますので、平板翼と呼ばれます。

翼に揚力が発生する原理は、「流線曲率の定理」(項目21)で説明した通りです。流線が湾曲することにより、翼の上面では大気圧より低圧に、下面では大気圧より高圧になり、この圧力差から揚力がはたらくというものでした。

「やってみよう」は、翼の下面の効果を確かめるものです。板を傾けておくことによって流れを下向きに変え、揚力を得ています。飛行機の主翼などの一般的な翼の下面側のはたらきはこの原理に基づくものです。

このように、湾曲していない平板でも、流れに対して傾けることによって揚力を発生させることができます。

タネあかし

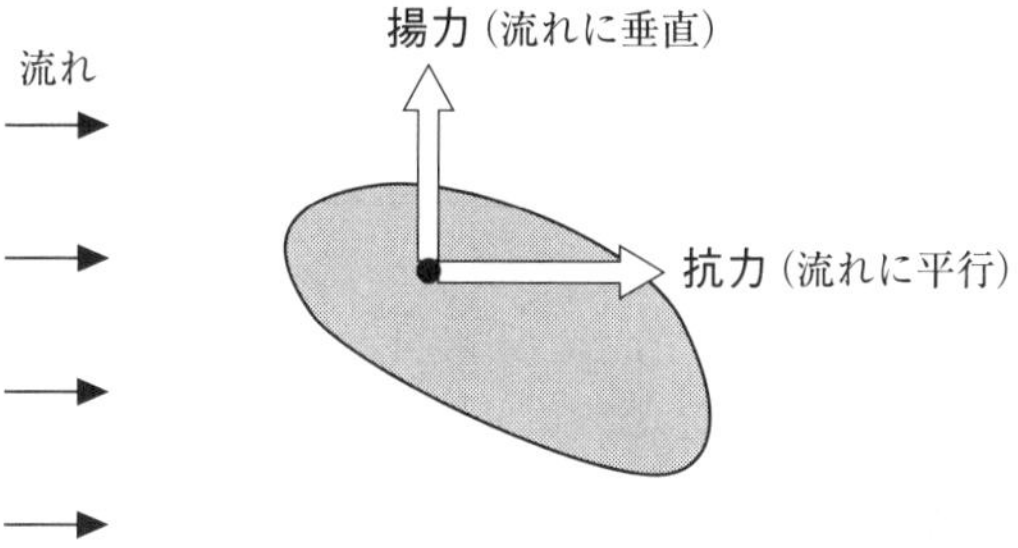
揚力（流れに垂直）
流れ
抗力（流れに平行）

抗力と揚力

流れの中に置かれた物体が流れから受ける力には、抗力と揚力があります。

抗力とは流れ方向の力であり、いわゆる空気抵抗や水の抵抗など、流体から受ける抵抗です。抗力を受けるとエネルギー損失をともなうので、一般的には抗力を小さくするように設計します。ただし、パラシュートや空力ブレーキ（空気抵抗を利用したブレーキ）などのように、抗力を利用している場合もあります。

一方、**揚力**とは流れと垂直な方向の力です。飛行機の主翼は揚力を発生させるために使われています。なお、揚力はその名前から「上に持ち上げる力」と解釈されがちですが、正式には「流れの方向に垂直な力」です。Ｆ１のレーシングカーのウイングにはたらくダウンフォース（下向きの力）も、揚力の一種です。

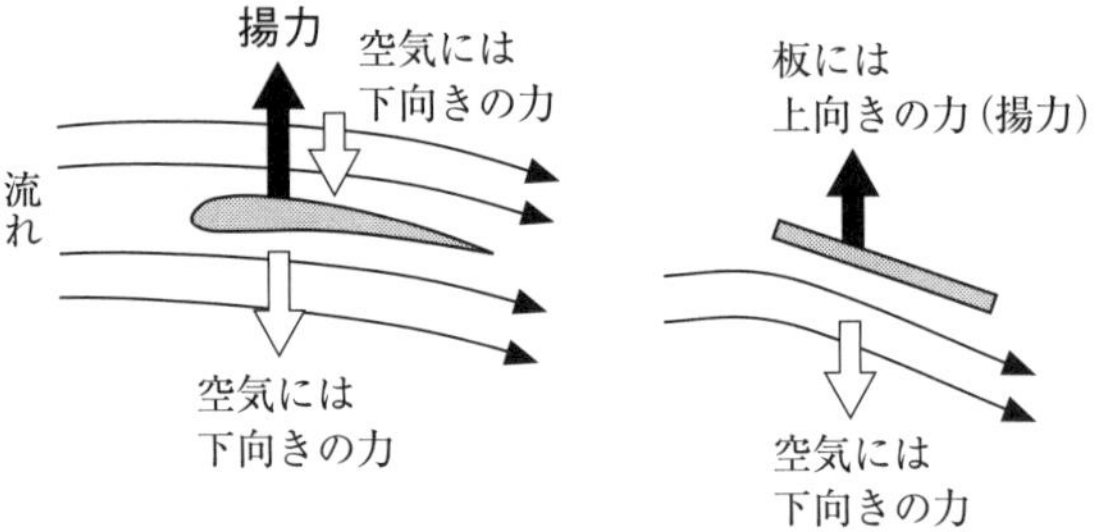

飛行機の主翼（左）と発泡スチロールの板（右）にはたらく力

翼に揚力がはたらく原理は、「流線曲率の定理」（項目21）で述べた通り、流線の湾曲によって上下面に圧力差ができることから説明できます。あるいは次のように、流れの運動の変化から説明することもできます。

「やってみよう」では、発泡スチロールの板は流れに対して角度をつけられているので、板にあたった風は下向きに曲げられます。このとき、空気には板から下向きの力がはたらくことになります。逆に、反作用として板は空気から上向きの力を受け、これが揚力となるのです。

この原理は、飛行機の翼にも共通しています。飛行機の主翼も流れに対してある角度をつけてあるのです。この角度を**迎え角**といいます。翼の下面側の流れは翼によって下向きに曲げられます。上面側はコアンダ効果（項目22）によって翼に沿って流れ、

© JMPA

さまざまな場面で使われる揚力

最終的には下向きに流出します。上面、下面とも空気は下向きに曲げられ、空気には下向きの力がはたらいていることがわかります。その反作用として、翼には揚力（この場合は上向きの力）がはたらくのです。

項目21（125ページ）では、流線が湾曲することから揚力の原理を説明しましたが、以上のように流れの運動の変化から説明することもできます。

飛行機が空を飛ぶ原理だけではなく、揚力は非常に多くの場面で使われています。F1のレーシングカーでは、翼を使ってダウンフォース（下向きの揚力）を発生させて接地性をよくし、高速走行を可能にしています。スキージャンプのV字飛行は、スキー板と選手の体にはたらく揚力を使って飛距離を伸ばしています。スキー板と選手が、一種の翼になっているのです。

28 揚力2

ヨットは、風上に向かって斜め前方に進むことができます。簡単な模型を作ってためしてみましょう。

やってみよう

1

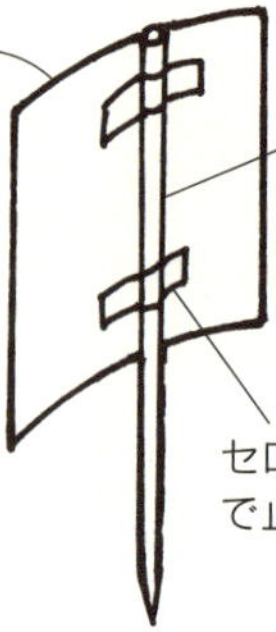
厚紙を
曲げて
おく
竹串
セロハンテープ
で止める

厚紙を図のように曲げて竹串を貼りつけ、これを帆とします。

2

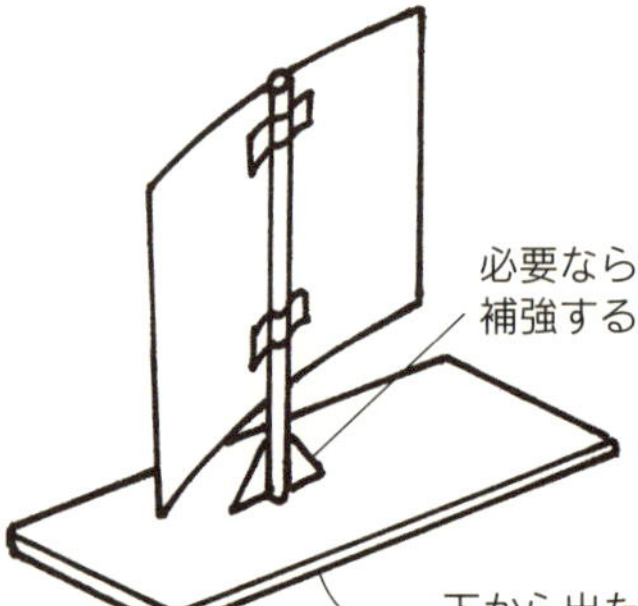
必要なら紙で
補強する
下から出た串は
切っておく

箱や厚紙などを利用して台を作り、厚紙の帆を立てます。

3

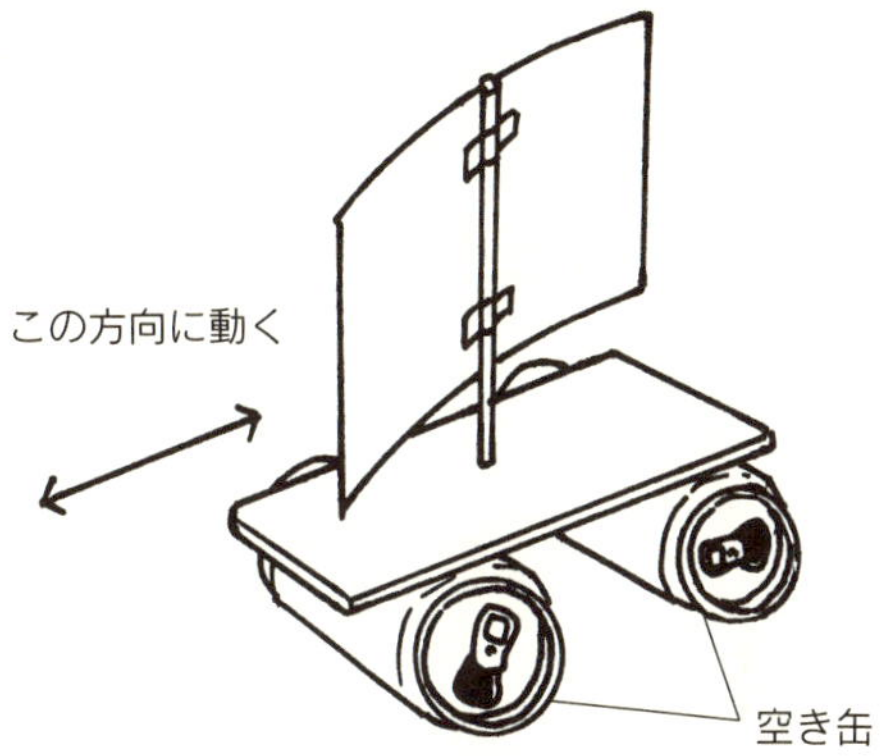
この方向に動く
空き缶

空き缶を2つ用意し、その上にこの台を乗せます。帆は図のような角度に調節してください（角度は 4 も参照）。

4

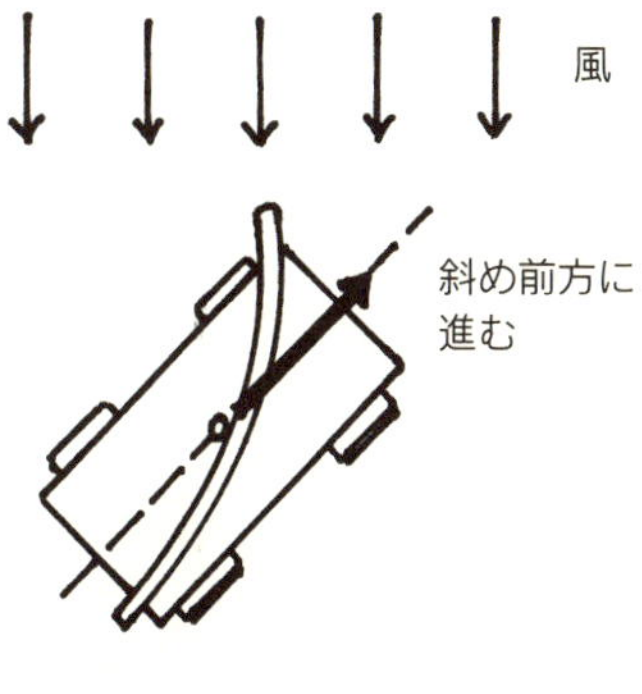
風
斜め前方に
進む

扇風機かドライヤーで、台車に風をあててください。台車を図のような向きにすると、風上に向かって斜め前方に進みます。

どう役立つ？

ヨット

ヨットは風上に向かって斜め前方に進むことができます。船体の向きを左右に切り替えて（これをタックという）いけば、完全な向かい風でもジグザグに前進することができます。風に対してどの方向にも進むことができるのです。帆にはたらく揚力を利用すれば、このようなことが可能になります。

ところで、ヨットは追い風のときに最も速く走れると思っている人は多いでしょう。完全な追い風で帆を風に垂直にすれば、まさに順風満帆、最も快適な状態のように思えます。しかし、この場合には風速よりも速く走ることはできません。風が弱ければほとんど速度が出ず、ヨットにとって決してよい風とはいえないのです。

一方、揚力を利用すれば風速よりも速く航行することができます。ウインドサーフィンにも同じことがいえます。

タネあかし

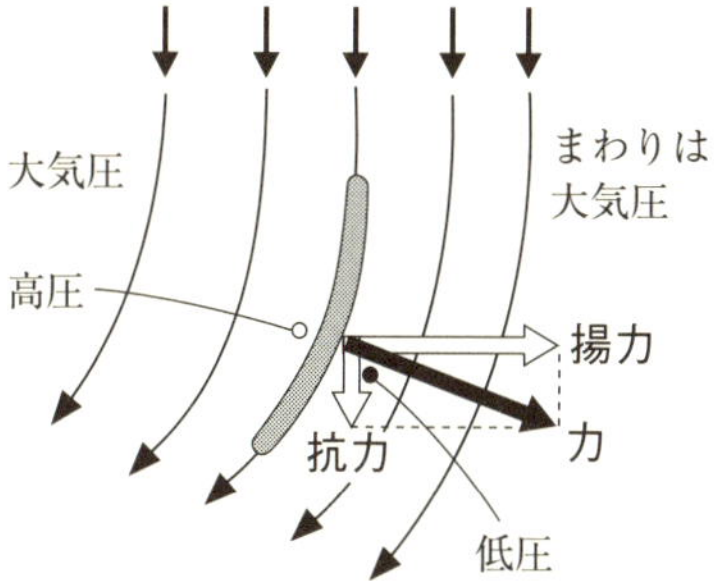
空気は左に曲げられているので、
右向きの揚力が発生
大気圧
まわりは
大気圧
高圧
揚力
抗力
力
低圧

厚紙のまわりの流れ

「やってみよう」の厚紙は、ヨットの帆と同じはたらきをしていて、ヨットの原理を確かめることができます。厚紙に風をあてると空気は厚紙に沿って流れます。このとき、空気は厚紙から力を受け、流れの向きを変えます。図では、流れは厚紙に沿って左に曲がり、その反作用として厚紙には右向きの力がはたらきます。この力のうち、上流の流れに垂直な成分を揚力といいます。

あるいは、流線曲率の定理（項目21）を用いて説明することもできます。厚紙の凸側では、厚紙から離れたところ（大気圧）よりも厚紙の表面に近づくほど、流線の曲がりの内側になるので圧力が低くなります。逆に凹側では、厚紙の表面に近づくほど流線の曲がりの外側になるので、圧力が高くなります。厚紙の裏表で圧力差ができ、揚力が発生するわけです。要するに、翼の揚力と同じ原理です。

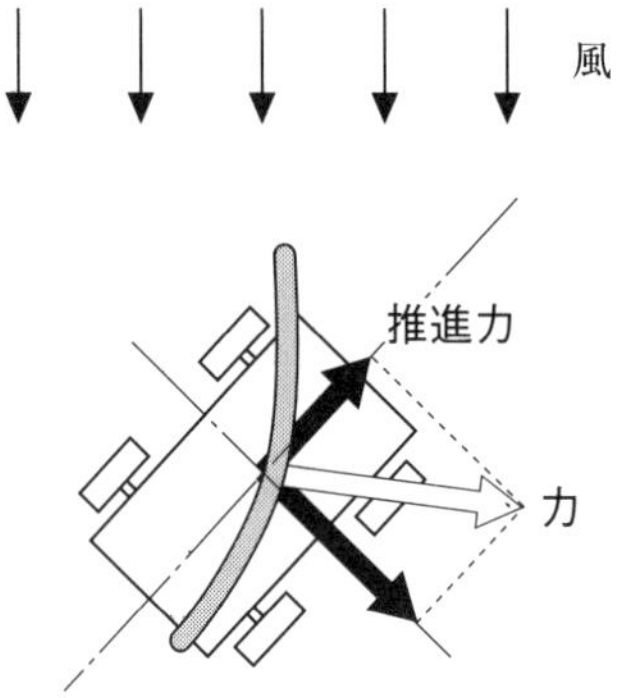

台車の向きと進む方向

「やってみよう」の配置では、厚紙の凸側に力がはたらくことがわかりました。この力の大部分は揚力です。次に、台車の向きに注目してみましょう。台車は前後の方向にしか動けません。図のような配置に置かれた場合、力を分解して台車の前後方向の成分に分けると、風上に向かって斜め前方の力の成分になります。この力によって、台車は斜め風上側に進むのです。

ヨットでも同じことがいえます。図の台車をヨットの船体に置き換えて考えれば、斜め前方に進むことがわかります。少し進んだところでヨットの左右の向きを変えていけば、風上にもジグザグに進めることになります。したがって、どのような風の向きであっても、目標の場所まで行くことができます。ただし、実際には潮の流れの影響も受けますので、その操作は難しいそうです。

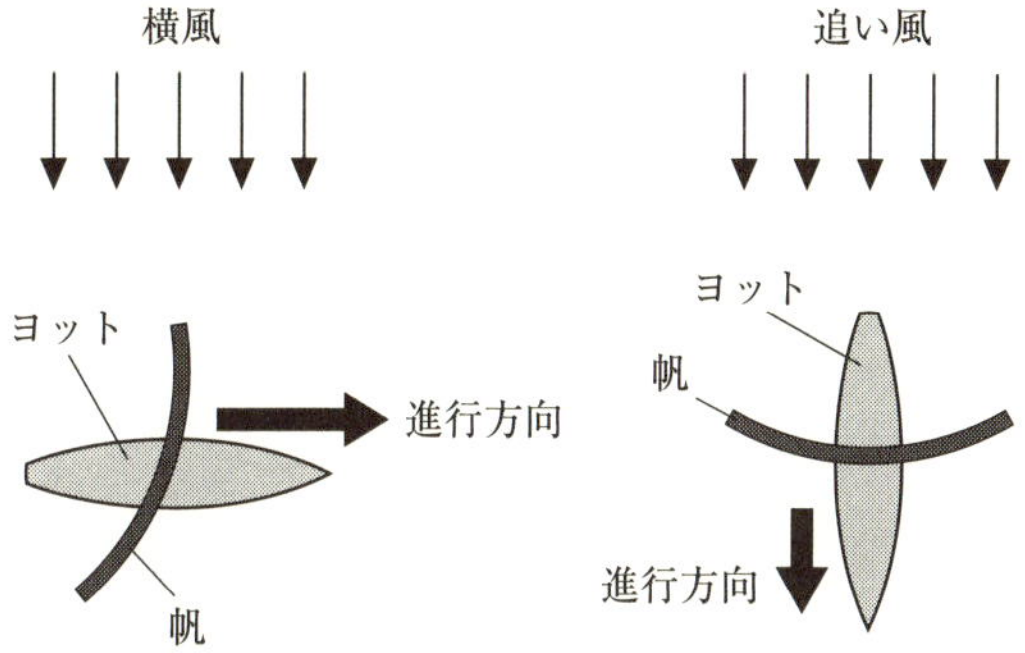

追い風って本当にいいの？

「どう役立つ？」で少し触れましたが、ヨットやウインドサーフィンにとって、追い風はそれほどよい風ではありません。追い風の場合、風に対して帆を垂直にすれば、空気抵抗（抗力）によって進むことができます。これは、流れの状態と力の方向も単純でわかりやすく、最も好ましい風のように思えるでしょう。しかし、この場合、風速より速く走ることはできません。仮に風速を毎秒五メートルとすれば、時速一八キロメートル（毎秒五メートル）を超えることはないのです。

一方、ほぼ横風の場合、揚力によって推進力を得ることができます。船体や帆の抵抗を小さく設計しておけば、ヨットはどんどん加速でき、風速よりも速く走ることができます。揚力のすぐれた点の一例です。ウインドサーフィンでは、通常の風の場合、時速三〇～四〇キロメートルになるようです。

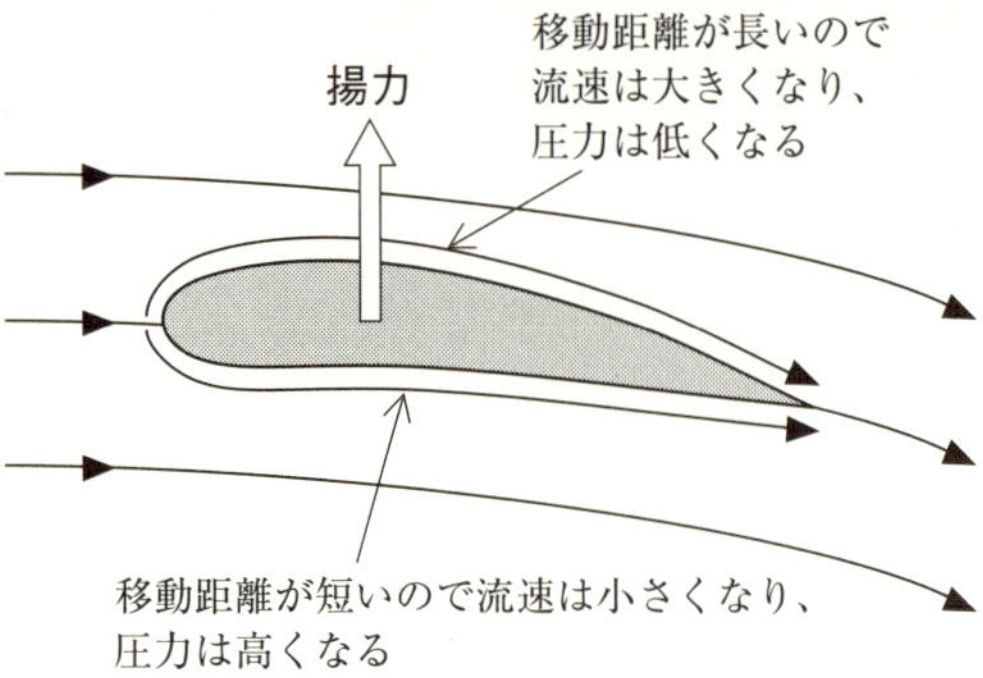
移動距離が長いので
流速は大きくなり、
圧力は低くなる
揚力
移動距離が短いので流速は小さくなり、
圧力は高くなる

「翼の揚力」の間違った説明

航空機の主翼などに使われている翼に揚力がはたらく原理は、流線曲率の定理（項目21）で説明した通りです。

しかし、これを間違って説明している本がときどき見られます。大学の物理学の教科書でも、間違っている場合があるくらいです。間違いの例には、次のようなものがあります。

「翼は湾曲しているので（上図）、翼の上面に沿って流れている流れの方が、下面に沿って流れている流れよりも距離が長くなります。通過時間が同じで移動距離が長いのですから、上面の方が速く流れることになり、ベルヌーイの定理から圧力は低くなります。逆に、下面では流れが遅く、圧力が高くなります。両者の圧力差から上向きの力、つまり揚力が

間違った説　上下の速度差は非常に小さく、
揚力も非常に小さい
正しい説　流れが下向きに曲げられるので、
その反作用として揚力が発生する

非常に薄い翼は揚力を発生できるか？

はたらくのです」

さて、どこが間違っているのでしょうか。

この説明が正しいとすれば、上図のように薄い翼は、非常に小さな揚力しか発生できないことになります。つまり、上面と下面における経路の差がほとんどないわけですから、速度の差は非常に小さく、揚力も非常に小さいことになります。ところが、実際にはこのような翼でもちゃんと揚力が発生します。項目28（162ページ）の「やってみよう」では、厚紙の帆でも揚力が発生しました。

項目21（125ページ）で説明した通り、流線曲率の定理から、図のような非常に薄い翼でも上下面で圧力差はできます（揚力の発生）。ベルヌーイの定理（流体のエネルギー保存則・項目18）から上下面に速度差ができることもわかるのです。実際には、翼の上下面で流れの通過時間は異なります。

29 マグナス効果

野球やサッカーで、ボールを回転させると軌道が変化するのはなぜでしょうか。この原理を調べてみましょう。

やってみよう

1

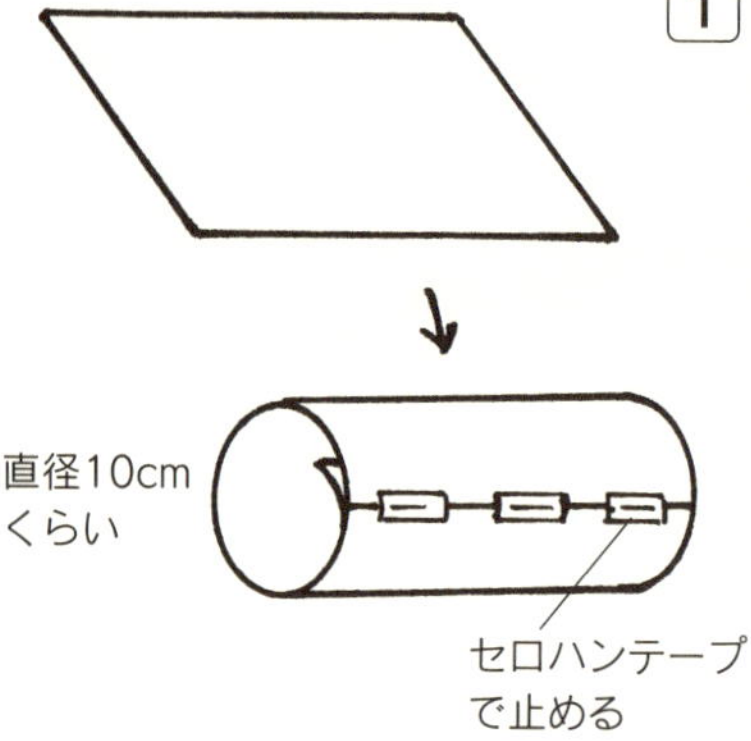

紙を丸めてセロハンテープで止めます。紙は広告紙などの、あまり厚くないものがいいでしょう。

2

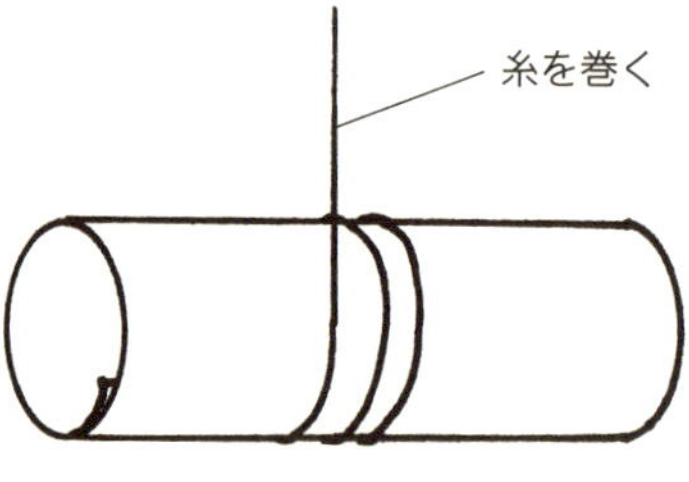

この紙筒の真ん中あたりに、糸を2～3周、巻きつけます。

3

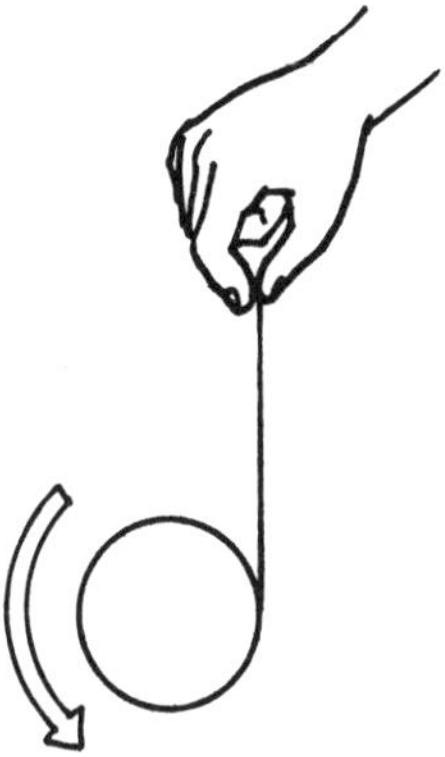

糸の端を手で持って、紙筒から手を離します。紙筒は回転しながら落ちていきます。

4

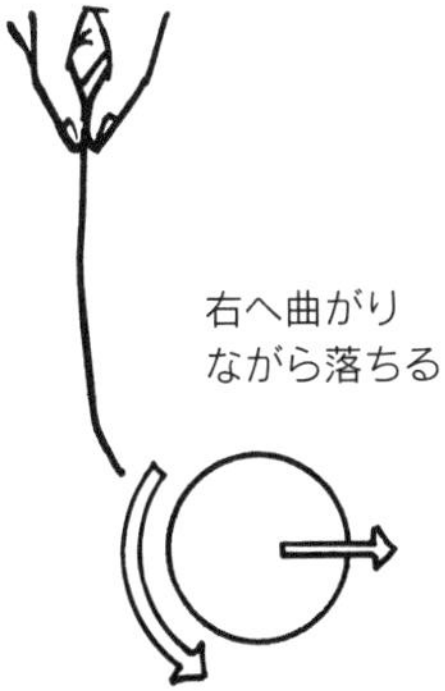

よく観察すると、紙筒が片側に曲がりながら落ちていくことがわかります。

どう役立つ？

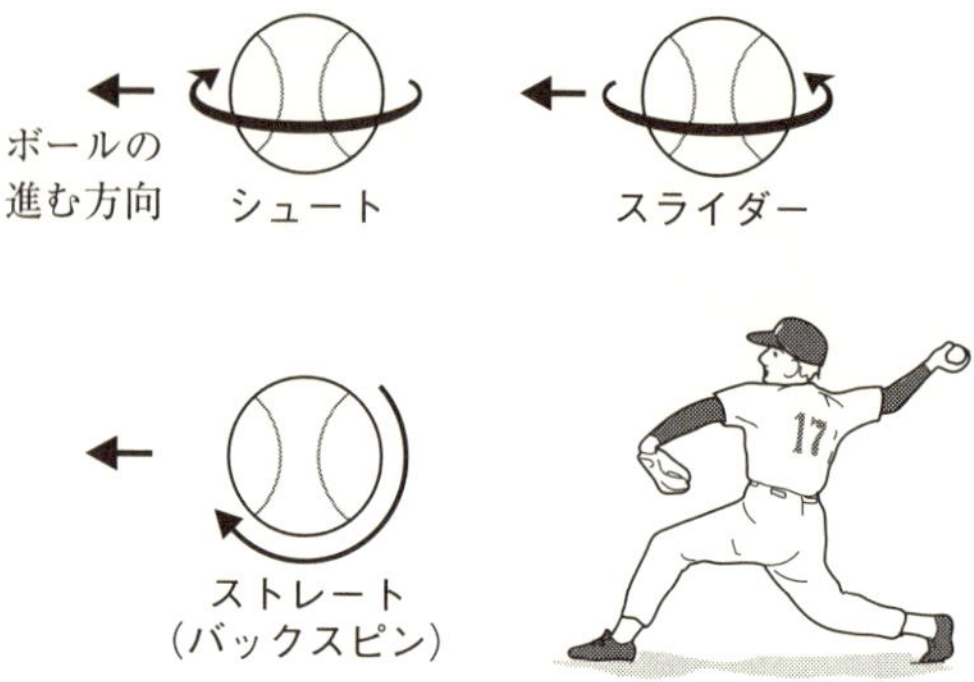

ボールの回転と変化球

野球やサッカーのボールを回転させると、飛んでいく方向が変化します。たとえば野球のピッチャーが投げるボールは、右投げの場合、真上から見て時計の針の方向に回せば右に（シュート）、時計の針と反対の方向に回せば左に曲がり（スライダー）、横に変化するボールになります。サッカーでは、コーナーキックでボールをうまく回転させると、直接ゴールをねらうことができます。

また、バックスピンをかけると上向きの揚力が発生します。野球のストレートボールやゴルフの打球がこれにあたります。野球のホームランバッターはバックスピンをかけて、飛距離を伸ばしています。

バレーボールのサーブ、テニスや卓球のようにコート内にボールを落とす競技では、逆にトップスピンをかけて下向きの揚力を利用することが多いといえます。これらは「やってみよう」と同じ原理です。

タネあかし

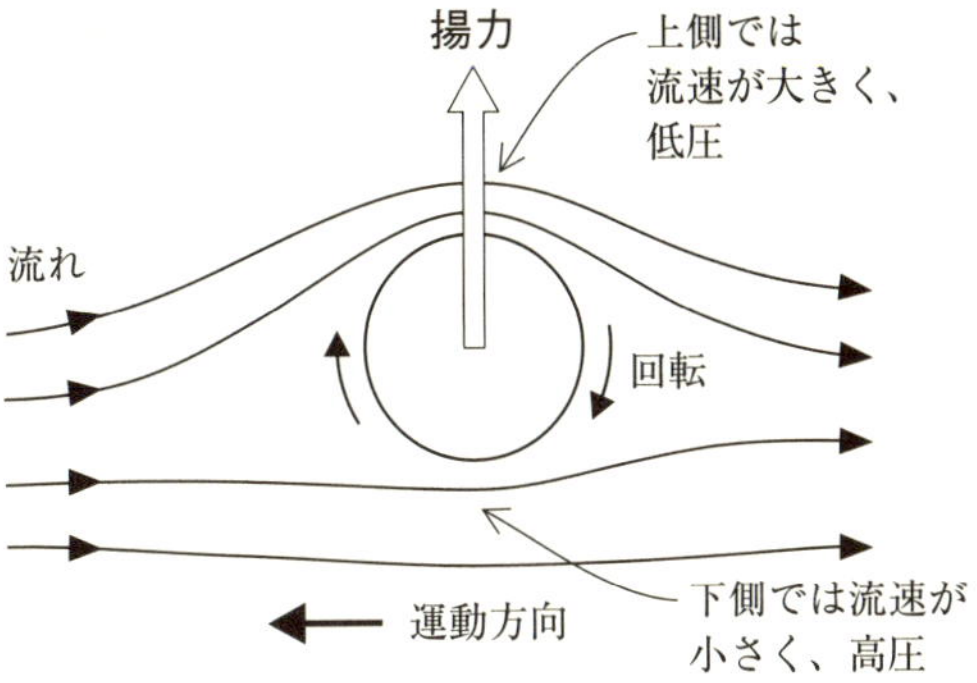
揚力
上側では
流速が大きく、
低圧
流れ
回転
運動方向
下側では流速が
小さく、高圧

回転する円筒まわりの流れ

「やってみよう」では、紙筒に糸を巻いて落とし、回転を与えていました。図のように回転している円筒まわりの流れを考えてみます。これは、円筒がバックスピンしながら左向きに飛んでいる状況で、空気は左側から円筒にあたっています。円筒の上側では、回転と流れの方向が同じなので粘性摩擦（項目2、20ページ）により流速は大きくなります。下側では、流速は小さくなります。ベルヌーイの定理（項目18）から、流速の大きい上側では圧力が低く、逆に流速の小さい下側では圧力が高くなることがわかります。この圧力の差から、図では上向きの揚力が発生します。

このように、流れの中の物体が回転することによって揚力を得ることを**マグナス効果**といいます。「やってみよう」で回転方向と曲がる向きを調べると、これと同じであることがわかります。

30 はく離渦

流れの中の物体が不規則に揺れたり、振動することがあります。これは物体の後ろにできる渦と関係があります。

やってみよう

1

水の中に10円玉を沈めておきます。この10円玉をねらって、上から1円玉を沈めます。

2

1円玉はゆらゆらと揺れながら、10円玉からはずれたところに沈みます。うまく10円玉の上に乗ることはなかなかありません。

3

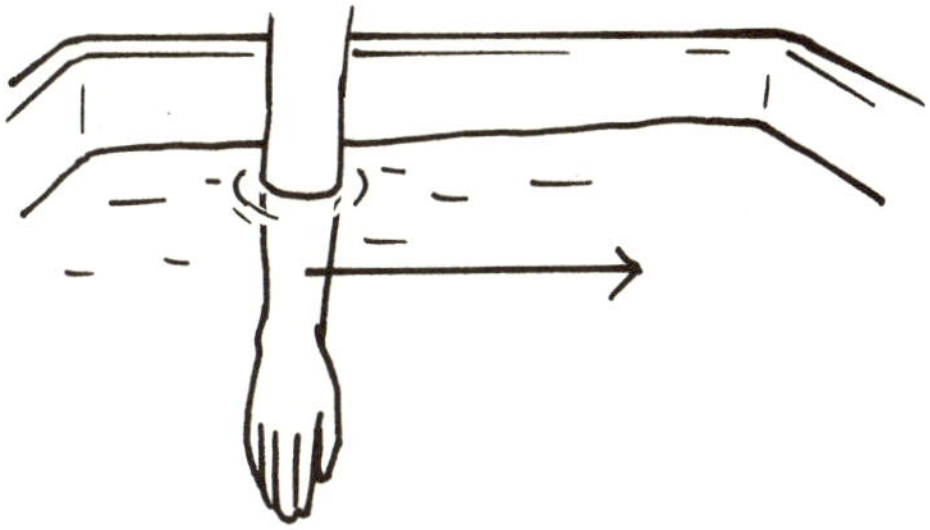

次に、お風呂の中で腕を速くまっすぐに動かしてみてください。

4

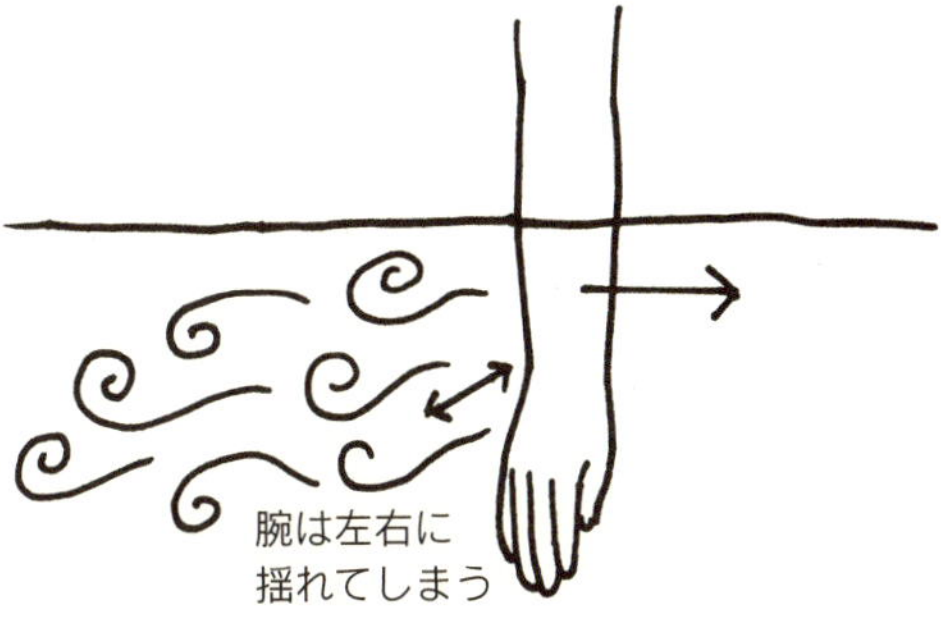
腕は左右に
揺れてしまう

腕は左右に揺れて、まっすぐに動かせません。速く動かそうとするときほど、揺れてしまいます。

タコマ橋の事故　（写真提供／川田忠樹）

一九四〇年、アメリカのタコマ海峡で、タコマ橋というつり橋の大事故が起きました。流体力学の分野では、たいへん有名な事故です。

タコマ橋は、当時の科学技術の粋を集めて作られたのにもかかわらず、完成してまもなく強風で壊れてしまいました。関係者にとっては非常に深刻な事態でした。そのときの風が、毎秒一九メートルという、日常的に起こる強風であったことはさらに深刻さを深めました。

当時の科学技術ではこの原因をすぐに解明できませんでしたが、その後、多くの研究がなされました。流れと振動の問題は急速に解明が進み、現在の本州四国連絡橋やレインボーブリッジなどのつり橋は安全なものになっています。

「やってみよう」で物体が水の中で揺れたのは、このタコマ橋の事故と関係しています。

タネあかし

順々に渦が
物体から
離れていく
物体背後で
はく離し
渦ができる
硬貨
沈む方向

はく離渦の離脱

物体が流体の中を運動したり、流れの中に物体が置かれると、多くの場合、はく離を起こします（項目23）。流線形の物体などを除けば、物体背後で逆流域ができ、渦ができます。これを**はく離渦**といいます。

はく離渦が連続して発生し、順々に物体から離れて下流へ流れていくことがあります。このとき、渦は左右で交互にできては下流に流れ、その後に流れが交互に物体の背後に回り込むということをくり返します。このため左右方向に流れの向きが変わるので、流れと垂直な方向（左右）に振動的な力がはたらき、物体を振動させます。

「やってみよう」で硬貨がひらひらと揺れながら沈んだり、腕が揺れたりしたのは、はく離渦の発生と離脱によるものです。このような現象は特殊なものではなく、むしろ日常的に起こっています。風が吹

流れ
交互に非対称な
渦が発生
力
すると、周期的な圧力変動や
流れと垂直方向に
周期的な力が発生する

カルマン渦

くと木の枝が揺れたり、旗が揺れたりするのも、はく離渦によるものです。ただ揺れているだけであればよいのですが、不快な振動や騒音、時として事故につながる場合があります。

はく離渦で注意を要するのは、渦が規則的に発生する場合で、代表例が**カルマン渦**です。カルマン渦とは、図のように、物体の背後で周期的に、流れに垂直な方向で交互に渦が発生する現象です。交互ではなく同時に渦ができると、渦どうしが干渉し合って不安定になります。流れは安定な状態に落ち着こうとするので、交互の配置になるのです。カルマン渦が発生すると、周期的な圧力変動と力がはたらき、音や振動を発生させます。風が吹くときの「ピューッ」という音はカルマン渦によるものです。風だけで音が発生することはなく、風の中に物体があり、はく離渦が発生しているときに音が発生します。

はく離渦の発生と振動が同期
タイミングよく押すと揺れはどんどん大きくなる
タコマ橋
ブランコ

共振には要注意！

さらに、カルマン渦が振動を引き起こし、共振が起こるとたいへんな事故につながる可能性があります。**共振**とは、物体が持っている固有振動数（その物体が振動を起こす振動数）と周期的な外力の振動数が一致したときの振動です。たとえば、ブランコを周期的にタイミングよく押すと、振幅がどんどん大きくなることを思い出してください。このときに、押すタイミングは速すぎても遅すぎてもだめで、ブランコの揺れと同期させないといけません。これが共振で、一回一回の力が小さくても大きな振幅になり、危険なものです。

「どう役立つ？」のタコマ橋の事故でも、はく離渦の発生の振動数と橋の固有振動数が一致して、共振が起こったのです。流れと振動に関する知識と経験が不足していたことによる設計ミスでした。流れと振動の問題には、細心の注意が必要なのです。

コラム　ウインドシップ（風のエネルギーでまっすぐ風上に走る船）

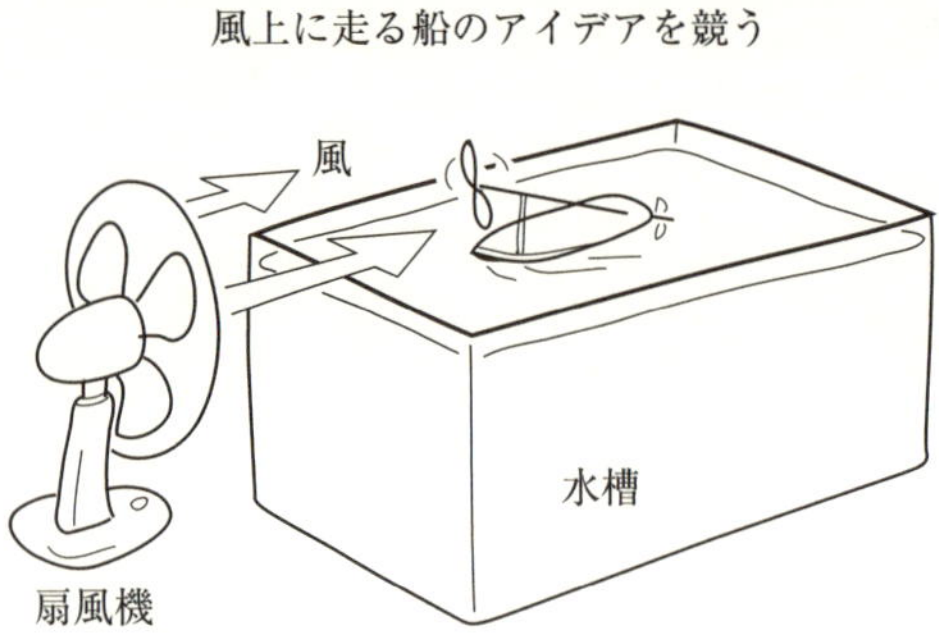

競技用水槽

「流れのふしぎ展」のコンテストには、「ウインドシップ」という種目がありました。これは、ウインドカー（118ページのコラム）と同様のしくみを船に応用したものです。まわりの風のエネルギーを利用して風上に走る船のアイデアを競います。

そんなことができるのかと、疑問を持つ人もいるかもしれません。しかし、まっすぐ風上に進む船は実現可能であり、大会でも多くの参加者が成功しています。風はエネルギーを持っているので、それをうまく利用すれば船は空気抵抗に打ち勝って前進できるのです。ヨットが風に向かって斜め前方に進めることからも、想像できるでしょう。

ただし、地上を走行するウインドカーに比べて、技術的には難しくなっています。

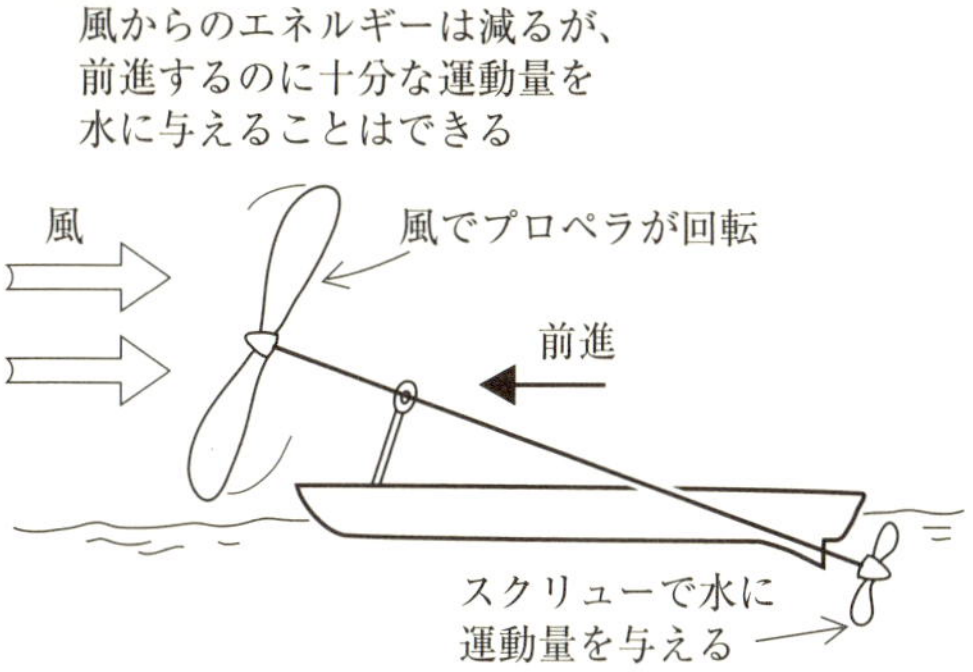
風からのエネルギーは減るが、
前進するのに十分な運動量を
水に与えることはできる
風
風でプロペラが回転
前進
スクリューで水に
運動量を与える

ウインドシップの例

では、なぜウインドシップは前へ進むことができるのでしょうか。

スクリューで水に与えられるエネルギーは、プロペラが風から取り出すエネルギーよりも小さくなります。プロペラとスクリューの効率や摩擦などによってエネルギーが減少するからです。しかし、いくつかの条件をうまくそろえると、水に加える力（推進力）を空気抵抗と水の抵抗の合計よりも大きくでき、前進することができます。

たとえば、図のウインドシップは簡単な構造ですが、実際にまっすぐ風上に走ることができます。回転軸の先端にはプロペラがあり、風を受けると回転します。一方、回転軸の後ろの端にはスクリューがあり、これが水中で回転して推進力を得ます。この例では、プロペラとスクリューは同じ回転数で回るようになっています。

31 管摩擦損失

パイプの中に流体を流すとき、パイプの長さや太さによってどのように流れやすさが変わるのか、確かめてみましょう。

やってみよう

1

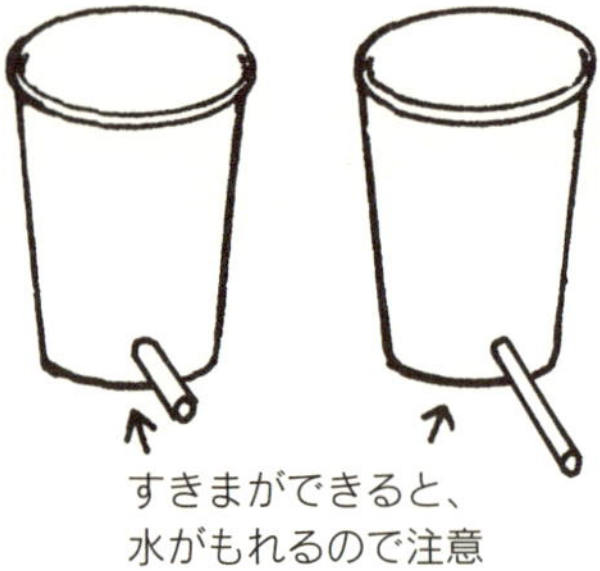
すきまができると、
水がもれるので注意

紙コップ2つとストロー2本を用意します。紙コップに穴をあけ、ストローをさします。片方のストローは短く切ります。

2

同じ量の水を入れる
ストローは同じ高さにする

それぞれのコップに同じ量の水を入れて、同時に流出させてみます。

3

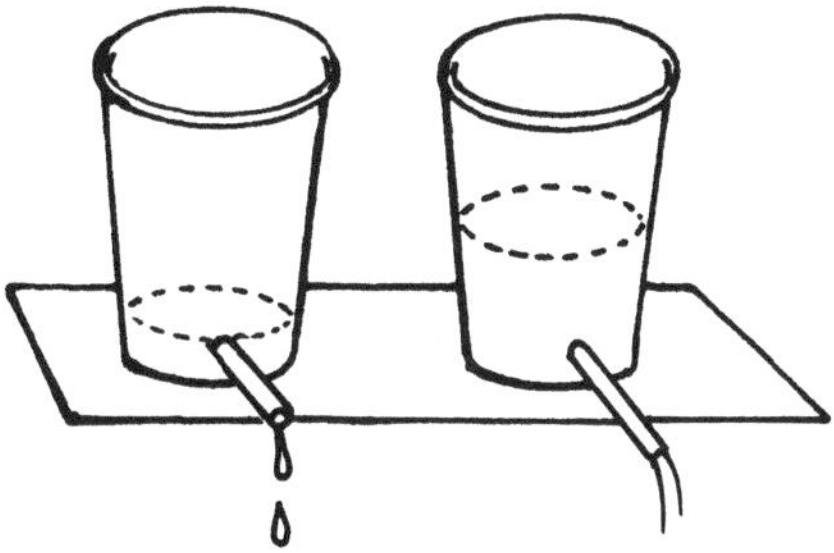

短いストローをさしたコップの水が、早くなくなります。

4

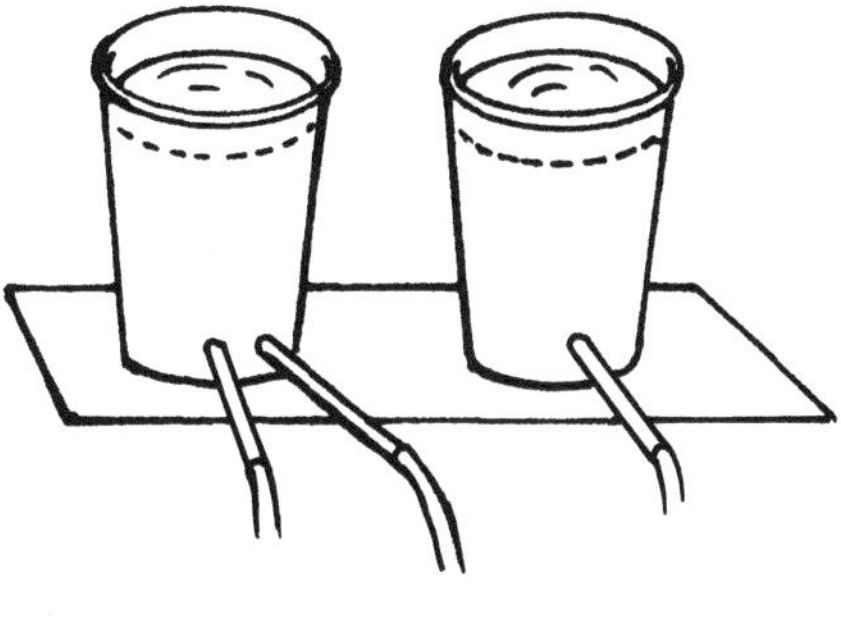

細いストローがあれば、同じ長さの、細いストロー2本と太いストローでためしてください。どうなりますか。

どう役立つ?

パイプによる流体の輸送例　（写真提供／三菱化工機）

パイプの中に流体を流すことは、水道、ガス、エアコンなど身のまわりでたくさん見られます。工業においても、発電所、化学工場、石油プラント、食品工場など、液体や気体を輸送するところでは必ず行われています。

このときのパイプ内の流れとエネルギーの損失の関係を知ることは、パイプラインを設計する上で重要です。必要な流量を流すためにはどのくらいの圧力を加えればよいのか、どのようにすれば抵抗（損失）を少なく流せるかなど、装置や工場の設計にも関わってくるからです。

「やってみよう」は、パイプ内の流れのエネルギー損失についての簡単な実験です。これによって、パイプの長さや太さによってどのようにエネルギー損失が変わるのか、どのように流れやすさが変わるのかを調べることができます。

タネあかし

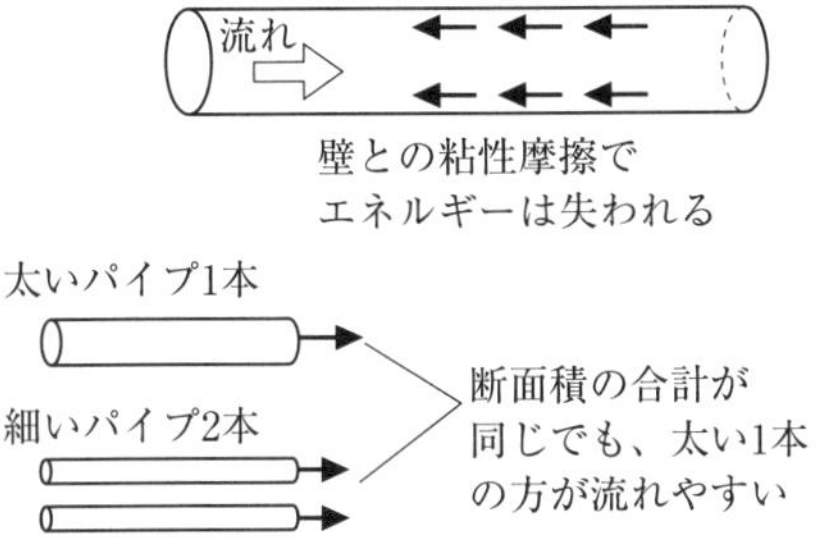
流れ
壁との粘性摩擦で
エネルギーは失われる
太いパイプ1本
細いパイプ2本
断面積の合計が
同じでも、太い1本
の方が流れやすい

管摩擦損失

パイプの中に流体を流すとき、パイプの壁と流体との間で粘性摩擦（項目2、20ページ）がはたらきます。これが流れを止めようとする抵抗になります。粘性摩擦によるので、このときのエネルギー損失を**管摩擦損失**といいます。

失われるエネルギーは、パイプの長さに比例します。ですから、「やってみよう」で長いストローの方が水が流れにくくなり、排出に時間がかかったのです。管路を長くするほど、上流側で大きな圧力をかけなければいけません。

また、パイプが細いほど管摩擦損失は大きくなります。「やってみよう」で、仮に細い二本のストローの断面積の合計が太い一本の断面積に等しいとすると、細い二本の方が損失が大きく、排出に時間がかかります。管路を太く、短くするほどエネルギー損失が小さく、流れやすくなるのです。

32 絞り

水の中で、穴をあけたストローの一部を指でつぶすと、穴からまわりの水を吸い込みます。この現象は、ベルヌーイの定理の応用です。

やってみよう

1

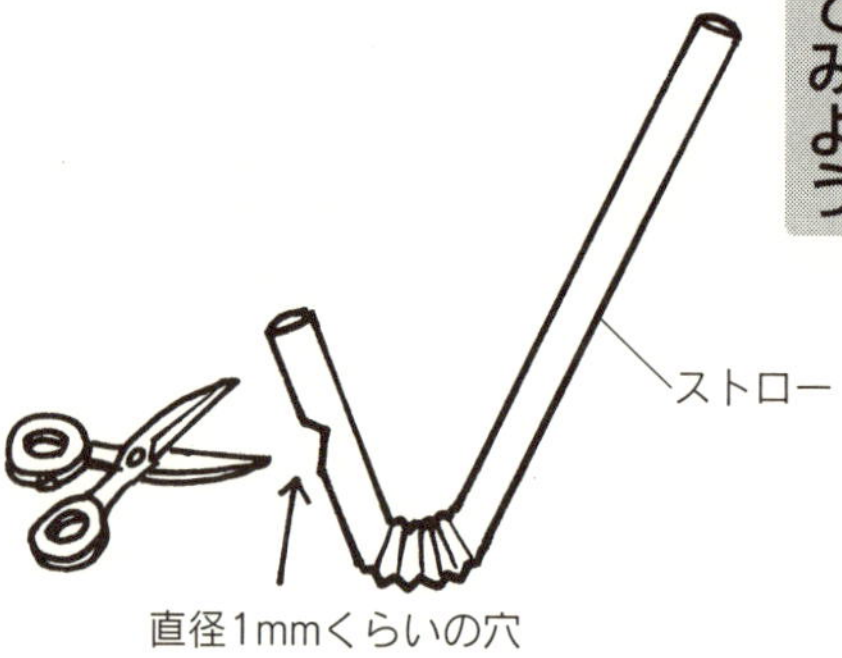

図のように、ストローの途中にはさみで直径1mmくらいの穴をあけます。

2

容器に水を入れ、中にストローを沈めましょう。

3

息だけが出る
ストローを吹く

ストローを吹きます。特に変わったことは起きません。穴が水面近くにあると、穴から空気が出てくるくらいです。

4

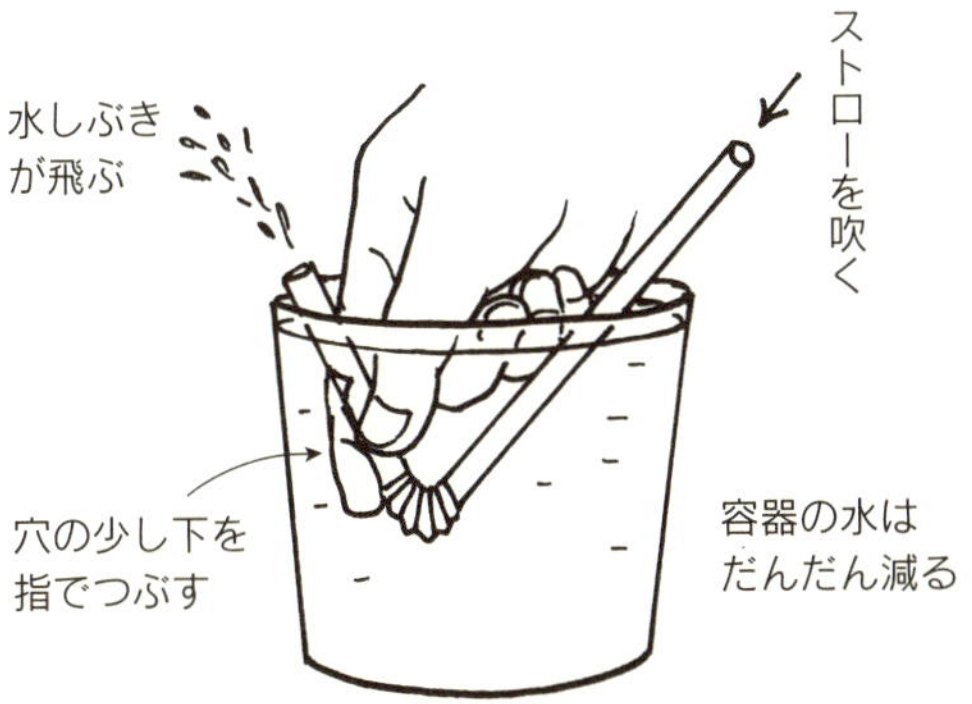
水しぶきが飛ぶ
ストローを吹く
穴の少し下を指でつぶす
容器の水はだんだん減る

次に、穴の少し下を指で軽くつぶすと、穴からまわりの水を吸い込み、ストローの先端から水しぶきが飛びます。

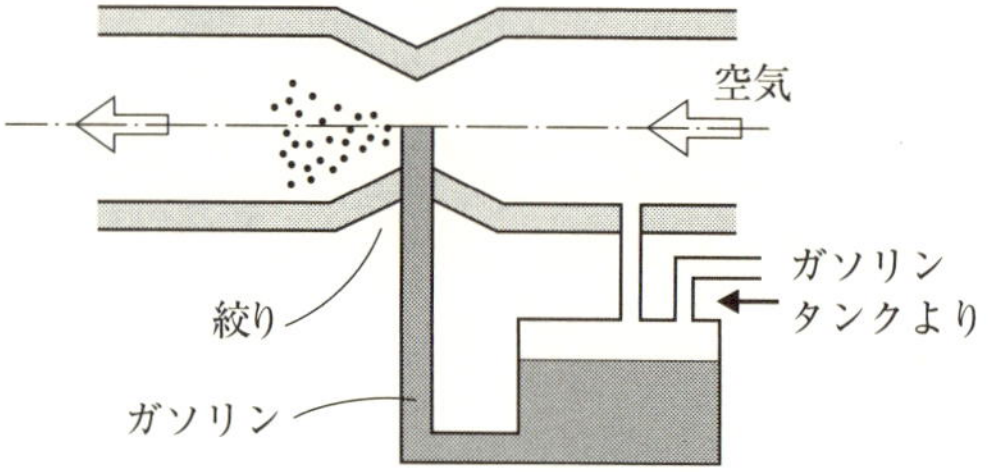

小型ガソリンエンジン用のキャブレター

流路の途中で断面積を小さくすると、その部分の圧力が下がります（理由は後述）。「やってみよう」でも、ストローをつぶして断面積を小さくすることで圧力が下がり、まわりの水を吸い込みました。

この原理を利用したものに、草刈り機などの小型ガソリンエンジン用のキャブレター（気化器）があります。流路を狭くすることによって圧力を下げて、燃料であるガソリンを吸い込んでいるのです。

また、キャブレターはガソリンを完全に気化させ、空気とよく混ざった混合気を作るという役割も果たしています。

一般に液体は、圧力を下げると気化しやすくなるという性質があります（項目14、81ページ）。ガソリンは高温の吸気管等にあたって一部は気化していますが、キャブレターで圧力を下げることには、気化を促進する効果もあるのです。

タネあかし

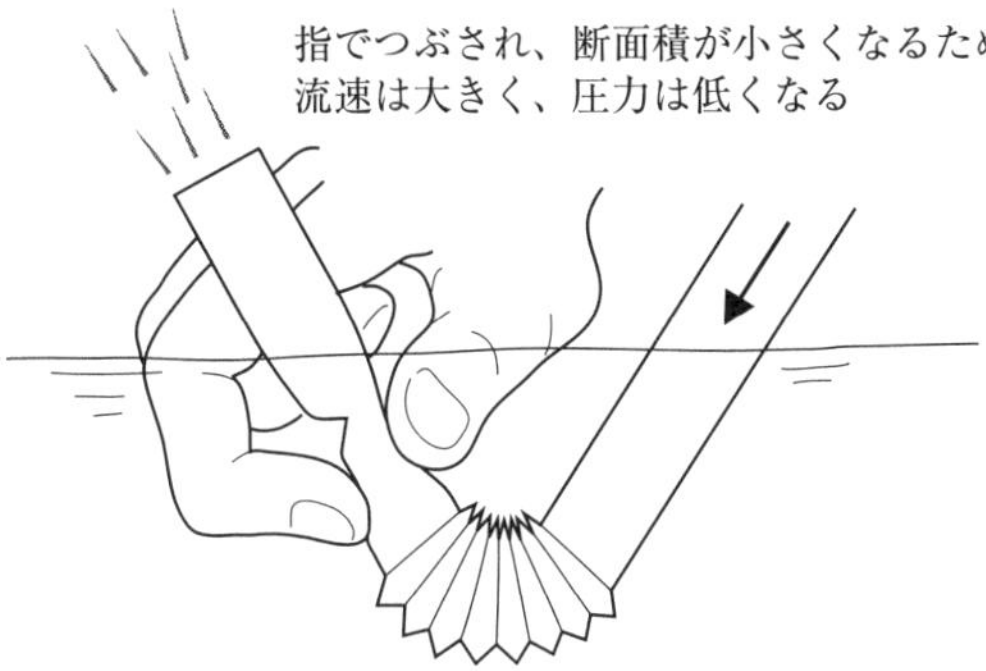
指でつぶされ、断面積が小さくなるため、
流速は大きく、圧力は低くなる

ストローが水を吸い上げた理由

流路の途中で断面積を小さくすることを、**絞り**といいます。断面積を小さくしたところでは流速が大きくなり、ベルヌーイの定理（項目18）により圧力が低くなることがわかります。

この原理から、「やってみよう」でストローをつぶすと絞りとなり、圧力が低くなります。そして、まわりの水を吸い込み、ストローの出口から空気といっしょに放出したのです。

「どう役立つ？」のキャブレターでは絞りで圧力を下げてガソリンを吸い込み、気化させています。

ほかに、絞りのしくみを使った絞り流量計というものがあります。流量計としては一般的なもので、多方面で使われています。管路の途中を絞り（断面積を小さくし）、そこでの圧力低下と流量の関係をあらかじめ調べておきます。絞りの前後の圧力差を測定すれば、計算で流量を求めることができます。

コラム　霧吹きの原理

絞りを使った塗装用スプレーガン

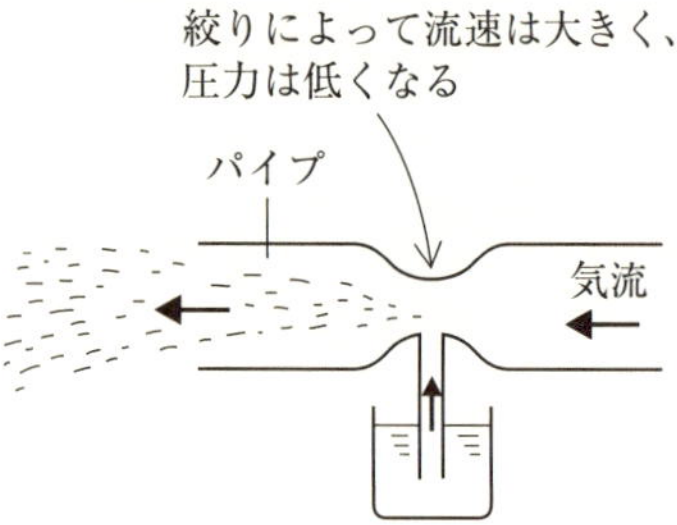

絞りによって流速は大きく、圧力は低くなる
パイプ
気流

絞りを利用する方法（写真提供／アネスト岩田）

霧吹きの原理にはいろいろなものがありますが、ここでは次の二種類について考えてみましょう。

一つめは、図のようにパイプの途中を細くする方法です。つまり、絞りを利用するのです（項目32）。パイプの出口ではほぼ大気圧になりますが、絞り部は断面積が小さいため流速が大きくなり、圧力が低くなります（ベルヌーイの定理・項目18）。その結果、縦の細いパイプを通じて液体が吸い上げられ、さらに気流と混じることで細かい霧状になります。

この方法は、塗装用のスプレーガンなどで使われています。

二つめの方法は、気流の中に突起物を入れる方法です。たとえば、二本のストローを使って霧吹きを作ります（次ページ右図）。「ストローの出口では流

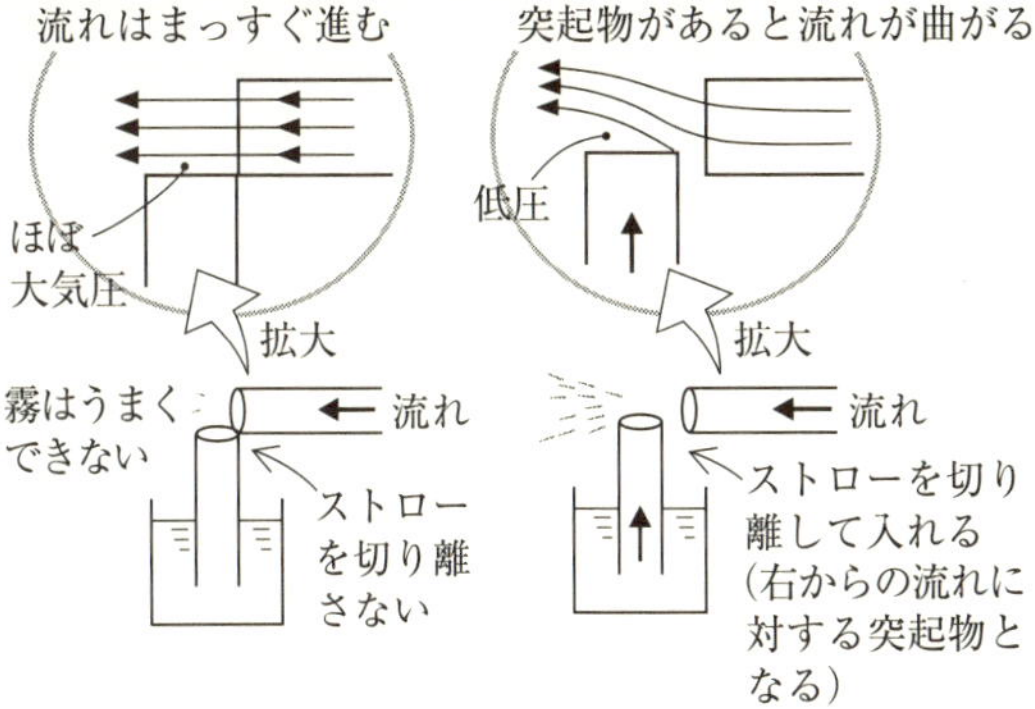
流れはまっすぐ進む
ほぼ大気圧
拡大
霧はうまくできない
流れ
ストローを切り離さない
突起物があると流れが曲がる
低圧
拡大
流れ
ストローを切り離して入れる（右からの流れに対する突起物となる）

流れに突起物を入れる方法

速が大きく、ベルヌーイの定理から、そこの圧力が低くなり液体を吸い上げる」と説明されている場合がありますが、これは正しくありません。ベルヌーイの定理の間違った使い方の代表的な例です。

この説明が正しいとすれば、左図のように一本のストローに切り込みを入れた（切り離さずに曲げた）ときにも、霧吹きにすることができるはずです。しかし、うまく霧は出ず、この説明のおかしいことがわかります。つまり、この場合、流れはまっすぐ進み、圧力はほぼ大気圧なのです。

右図のように、流れの中に突起物を入れることに意味があります。突起部で流れのはく離（項目23）が起こり、流線が拡大図のように曲げられます。流線曲率の定理（項目21）から、曲がりの内側、つまり縦のストロー上部の圧力が下がり、液体を吸い上げます。

33 回転翼

プロペラを回転させることで、揚力を発生させることができます。この原理を使った簡単なおもちゃを作ってみましょう。

やってみよう

1

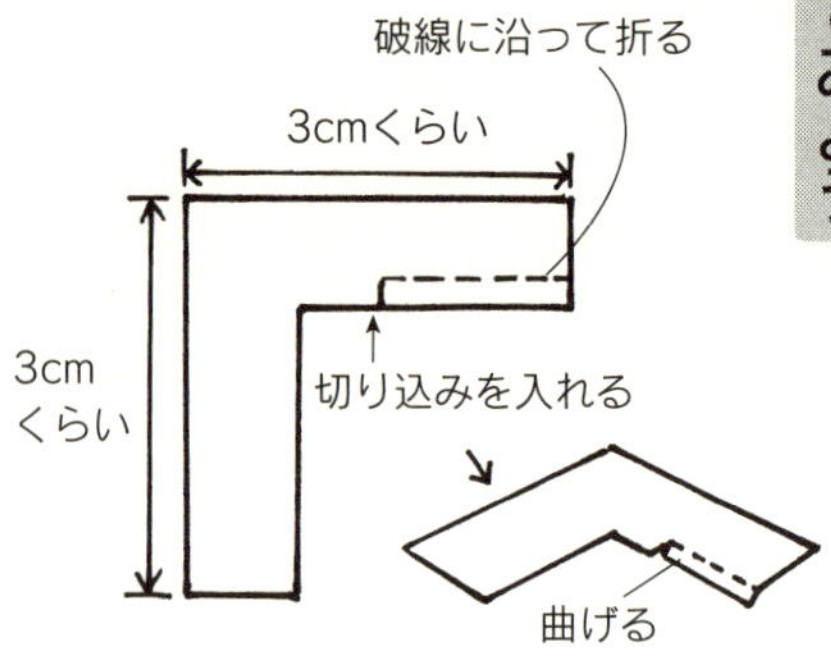

破線に沿って折る
3cmくらい
3cm
くらい
切り込みを入れる
曲げる

はがきや名刺などの少し厚い紙を、図のように切り、一部を折ります。

2

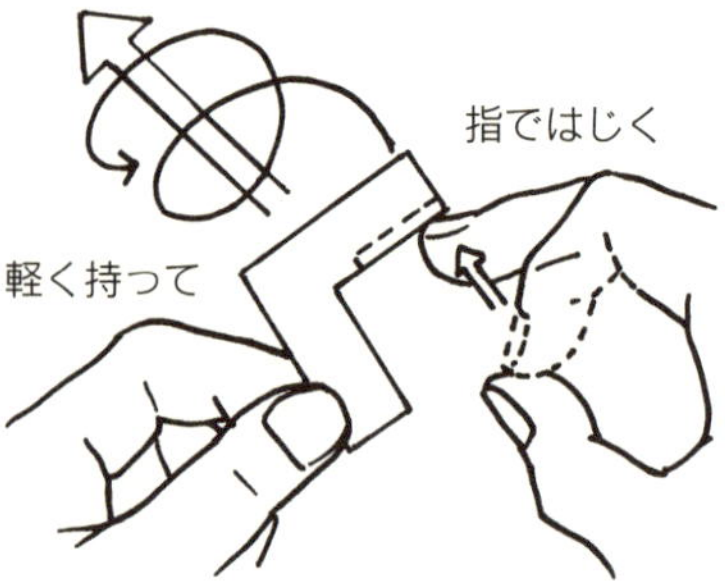

指ではじく
軽く持って

折り曲げた部分を指ではじいて、回転するように斜め上方へ飛ばします。

3

紙は、回転しながら戻ってきます。

4

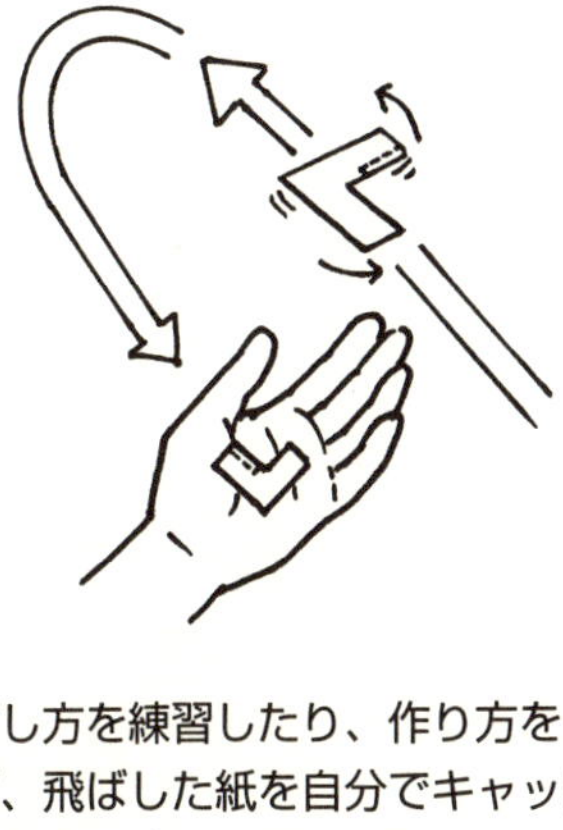

飛ばし方を練習したり、作り方をくふうすれば、飛ばした紙を自分でキャッチすることもできます。

どう役立つ？

ヘリコプター

ヘリコプターのローターは回転することで揚力を発生させています。それぞれの羽根は翼《よく》（158ページ）になっています。これは「やってみよう」で出てきたおもちゃと同じ原理です。

このように回転させて使う翼を、**回転翼**といいます。飛行機のプロペラ、扇風機、送風機、船のスクリュー、竹とんぼなど回転翼を利用したものはたくさんあります。

回転翼に対して、飛行機の主翼などのように回転させない翼を**固定翼**といいますが、固定翼は、流れをあてるか、あるいは固定翼自身を移動させなければ揚力を発生できません。

回転翼は、移動せずに同じところで回転させるだけで揚力を発生できます。回転させるにはモーターやエンジンなどを使えばよいのですから、たいへん便利で、いろいろな用途で使われています。

タネあかし

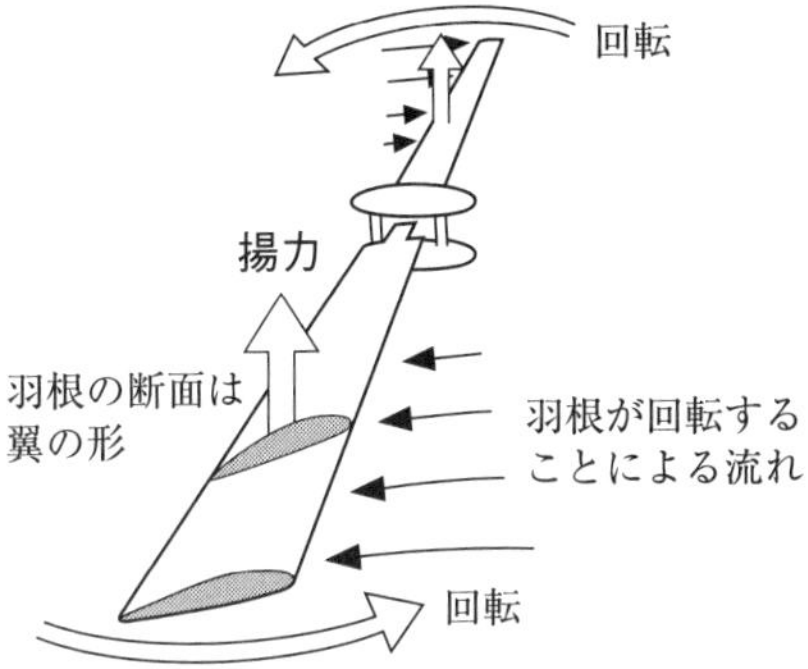
回転
揚力
羽根の断面は
翼の形
羽根が回転する
ことによる流れ
回転

回転翼

回転翼は、一枚一枚の羽根もそれぞれ翼になっています。また、図の羽根の断面は項目27（160ページ）で説明した翼の形になっています。あるいは平面を曲げたものや、平面をただ傾けただけの場合もあります。「やってみよう」のおもちゃは平面を曲げた翼です。いずれも、羽根によって流れの向きを変え、そのときの反作用として揚力を得ています。

図のように、回転翼では羽根を回転させることによって、流体を羽根にあてています。羽根は回転面に対して角度をつけてあるので、羽根に沿って流れの向きが変わります。図では、流れは下向きに曲げられるので、羽根には反作用として上向きの揚力がはたらきます。つまり、下向きの流れを発生させるのと同時に、上向きの力を得ています。ヘリコプターでは上向きの力を利用し、扇風機では発生する風を利用しているのです。

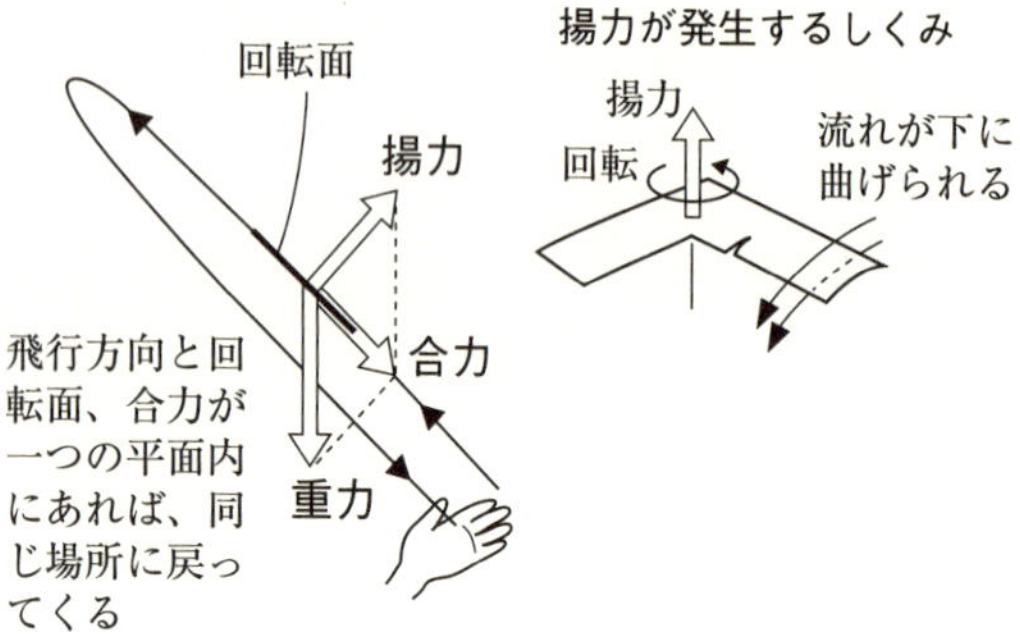
回転面
揚力
合力
重力
飛行方向と回転面、合力が一つの平面内にあれば、同じ場所に戻ってくる
揚力が発生するしくみ
揚力
回転
流れが下に曲げられる

「やってみよう」のおもちゃ

「やってみよう」では、一枚の羽根を曲げておくことによって、一種の回転翼としています。これを回転させると、揚力は回転面に垂直にはたらきます。「やってみよう」では回転面を傾けて飛ばしているので、この回転翼にはたらく力は図のようになります。揚力と重力の合力が、回転面と同じ平面上にあれば、回転面内で飛行して、また戻ってきます。うまい角度ではじき出せば、ほぼ同じ回転面内で元の位置に戻ってくるわけです。

「やってみよう」とよく似たものに、ブーメランがあります。ブーメランも元の位置に戻ってきますが、回転面の向きを常に変えながら飛行するしくみになっていて、この「やってみよう」とは少し原理が異なります。

ほかに、回転翼を利用したおもちゃとしては竹とんぼが有名です。

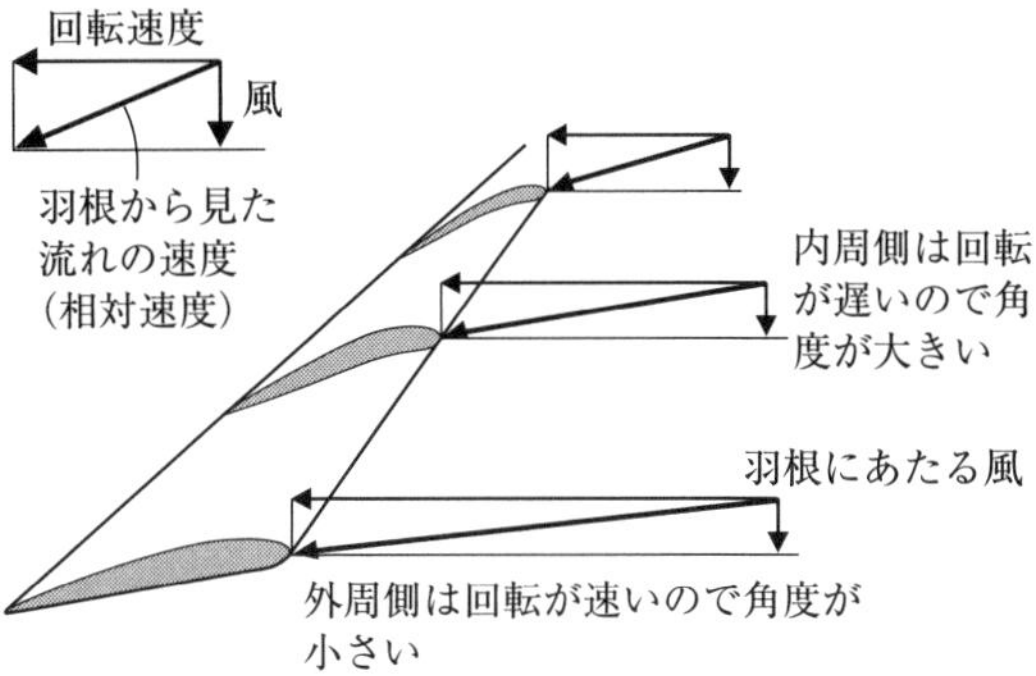

羽根のねじれ

ところで、プロペラを観察してみると、羽根がねじれていることに気づきます。羽根の先端付近では回転面にほぼ平行で、中心に近づくほど羽根が立っています。これには、次のような理由があります。

話を簡単にするため、プロペラは水平面内で回転し、風は上から下に向かって均一に吹いているものとします。回転翼では、羽根の回転速度は回転中心からの半径に比例します。外周ほど回転速度が大きく、流れが羽根にあたる角度（羽根から見た相対速度の方向）はより回転面に近づきます。流れの向きを基準に羽根を一〇度くらい傾けると効率よく揚力を発生できるので、外周側では回転面に近づけます。

逆に中心付近では羽根の回転速度は小さくなり、羽根にあたる相対速度の向きは立ってきますから、羽根も立てる必要があります。したがって、プロペラの羽根がねじれているのです。

34 付加質量

流体の中で物体を急に動かすと、まわりの流体も加速されるので、その分だけ大きな力が必要になります。

やってみよう

1

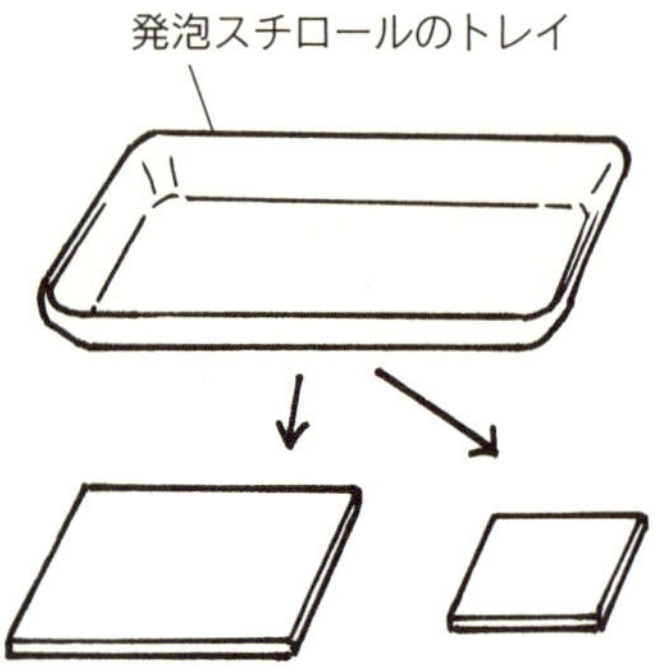

発泡スチロールのトレイから、大きな板と小さな板を切り出します。

2

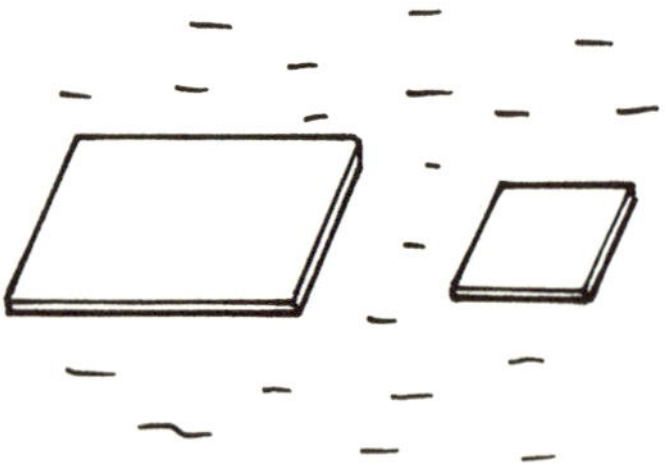

2 枚の板を、お風呂などの水面に浮かべます。

3

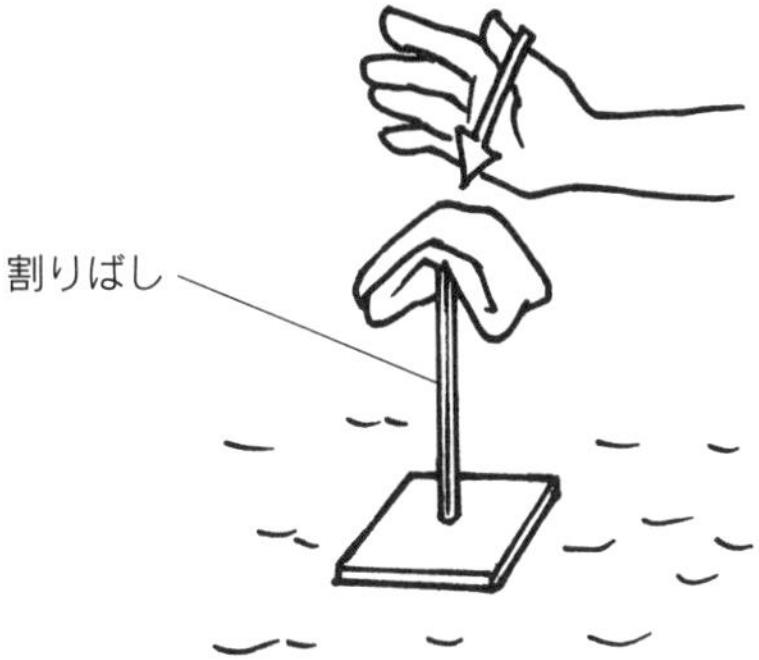

まず、小さな板に割りばしを立て、雑巾などをあてて手でたたいてみます。板に穴はあきません（割りばしのとげに注意）。

4

次に、大きな板で同じことをやってみます。板がある程度の大きさなら、素早くたたけば簡単に板を打ち抜くことができます。

水上を走るバシリスク

トカゲの一種であるバシリスクという動物は、後足二本で水面を走ることができます。バシリスクは体長六五センチメートル、体重二四〇グラムくらいと体が小さいので、水に沈まずに走ることができるのです。

後足はよく発達していて、長い指を持っています。足を水面に着けるときは足裏を大きく広げて面積を大きくし、足を引き上げるときは足裏を閉じて面積を小さくします。着水した足が水中に沈む前に、もう片方の足を素早く着水します。これをくり返して水面を走っていきます。

水面に足を着けた瞬間、まわりの水が運動し始めることになり、水を加速するための力が必要になります。この力の反作用によって、沈まずにいられるのです。「やってみよう」でも、板の面積と素早い動きで板を打ち抜くことができました。

タネあかし

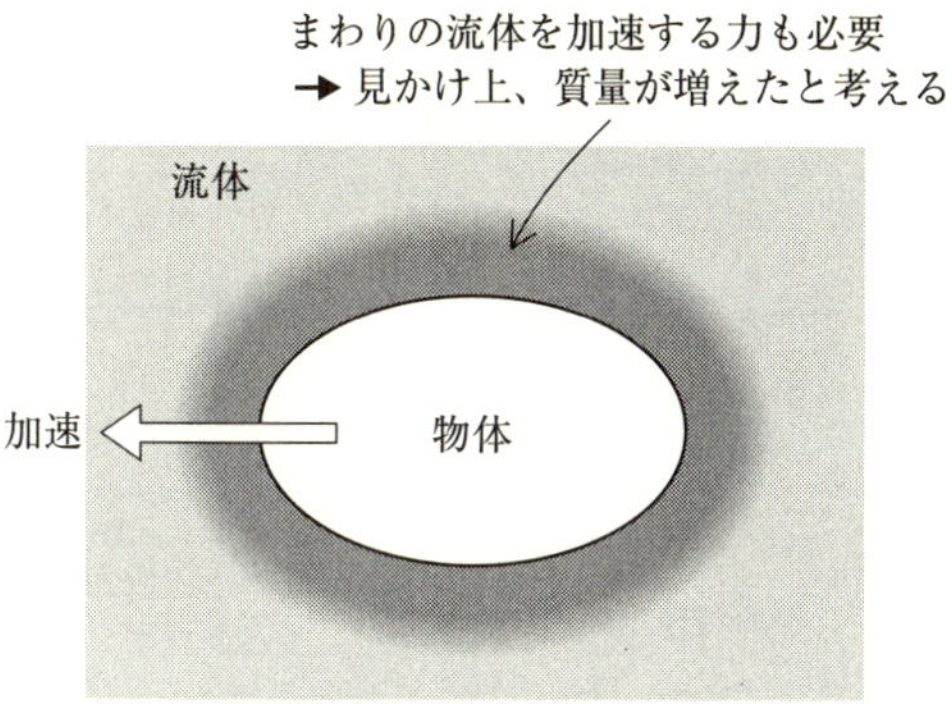
まわりの流体を加速する力も必要
→見かけ上、質量が増えたと考える
流体
加速
物体

流体中で加速する物体

流体の中で物体を加速する場合、まわりの流体もいっしょに加速することになります。したがって、物体を加速させるためには、まわりの流体を加速させる力も必要となります。同じ物体でも、空気中で加速するときと、水中で加速するときとでは、水中の方がより大きな力を必要とします。空気よりも水の方が密度が大きいからです。

このような力は、加速度に比例し、流体の密度にも比例します。つまり、ある質量分の流体が物体に付着して、物体といっしょに運動すると考えることもできます。物体自身の質量のほかに、流体の質量が上乗せされたと考えるわけで、これを**付加質量**といいます。

付加質量は、流体の密度、物体の大きさと形によって決まる値です。物体自身の質量と付加質量の合計を見かけの質量と考えればよいのです。

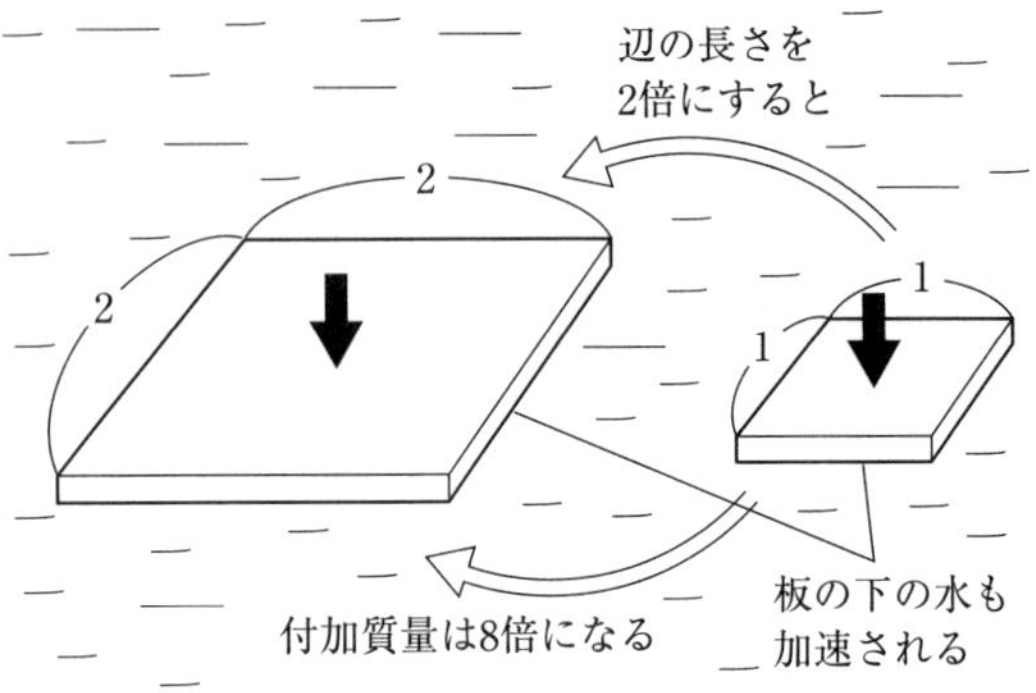
辺の長さを
2倍にすると
2
2
1
1
板の下の水も
加速される
付加質量は8倍になる

水に浮かべた発泡スチロール板

「やってみよう」で発泡スチロール板を打ち抜けたことにも、この付加質量が関係しています。付加質量の大きさは物体周辺の流体の体積に関係するので、同じ形の物体であれば、付加質量は基準となる寸法の三乗に比例します。「やってみよう」のような平板では一辺の長さの三乗に比例します。ですから、仮に正方形として一辺の長さを二倍にすれば、付加質量は八倍（二の三乗）の大きさになります。板を大きくすると、急激に付加質量が増大することがわかります。

発泡スチロール板は、この付加質量の分だけ見かけの質量が増大します。そのため、大きな板ほど力を加えても加速しづらいことになります。また、板に加わる力の大きさは（見かけの質量）×（加速度）に等しいので、加速度を大きくするほど、より大きな力となります。

大小の風船をぶつけると
小さい方が飛ばされる

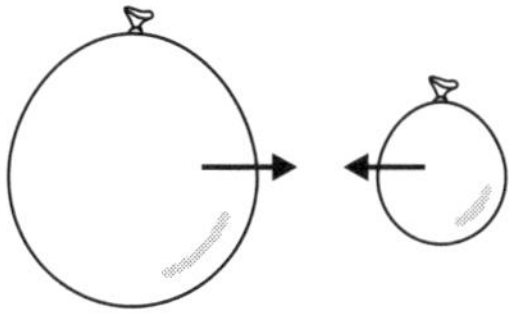

風船内の空気の質量だけではなく、
まわりの空気の付加質量も、大きな
風船の方が大きい

項目4（空気の質量）の補足

したがって、大きな板に、大きな加速度を加える（素早くたたく）ときほど、板を簡単に打ち抜くことができたのです。

「どう役立つ？」のバシリスクの水面走行も同じ原理です。足裏を広げて（面積を大きくして）、素早く（加速度を大きくして）水面をたたくことによって、大きな反力を得ていたのです。バシリスクは小型で動きが速いため、水面を走ることができるのです。人間にはとてもまねできません。

ところで、項目4（26ページ）では、風船をぶつけた「やってみよう」とジャンボジェットの「どう役立つ？」の話をしました。そこでは内部の空気の質量について述べましたが、正確にいうと、いずれもまわりの空気による付加質量が加算されます。内部の空気だけではなく、さらに外部の空気の質量（付加質量）の影響も受けています。

参考図書・参考資料

流体力学や本書に関連する事柄について、もっと知りたいという人は以下を参考にしてください。

1．本格的に流体力学を勉強したいという人へ（大学、高専レベル）。

『JSMEテキストシリーズ　流体力学』日本機械学会編　日本機械学会（二〇〇五年）
『流体力学入門』石綿良三著　森北出版（二〇〇〇年）
『流体力学(1)』大橋秀雄著　コロナ社（一九八二年）
『流体力学(2)』白倉昌明・大橋秀雄著　コロナ社（一九六九年）

2．流れの状態を写真やソフトウエアで見たいという人へ。

『パソコンで見る流れの科学』矢川元基編著　講談社ブルーバックス（二〇〇一年）
『写真集　流れ』日本機械学会編　丸善（一九八四年）

3．水の性質をもっと知りたいという人へ（表面張力、撥水性、親水性を含む）。
『水とはなにか』上平恒著　講談社ブルーバックス（一九七七年）

4．航空機関係についてもっと知りたいという人へ。
『図解・飛行機のメカニズム』柳生一著　講談社ブルーバックス（一九九八年）
『飛ぶ　そのしくみと流体力学』飯田誠一著　オーム社（一九九四年）
『飛行機はなぜ落ちるか』遠藤浩著　講談社ブルーバックス（一九九四年）

5．乱流についてもっと知りたいという人へ。
『乱れる』南部健一著　オーム社（一九九五年）

6．「流れのふしぎ展」についてもっと知りたいという人へ。
http://www.kanagawa-it.ac.jp/~nagare/

7．流体力学のパソコン用教材をほしいという人へ。
前述の『流体力学入門』と連動したアニメーションを用いた教育ソフトが、無償でダウンロードできます。
http://www.morikita.co.jp/soft/6716/

8. 日本機械学会について知りたいという人へ。

http://www.jsme.or.jp/

9. 本書に関連した実験動画を見たいという人へ。

楽しい流れの実験教室　http://www.jsme-fed.org/experiment/index.html

さくいん

〈あ行〉

〈か行〉

N.D.C.423.8　210p　18cm

ブルーバックス　B-1452

流《なが》れのふしぎ
遊んでわかる流体力学のABC

2004年8月20日　第1刷発行
2022年8月30日　第21刷発行

編者　日本機械学会《にほんきかいがつかい》
著者　石綿良三《いしわたりようぞう》・根本光正《ねもとみつまさ》
発行者　鈴木章一
発行所　株式会社講談社
〒112-8001 東京都文京区音羽2-12-21
電話　出版　03-5395-3524
販売　03-5395-4415
業務　03-5395-3615
印刷所　（本文印刷）株式会社ＫＰＳプロダクツ
（カバー表紙印刷）信毎書籍印刷株式会社
本文データ制作　株式会社さくら工芸社
製本所　株式会社国宝社

定価はカバーに表示してあります。

ISBN4-06-257452-7

発刊のことば

科学をあなたのポケットに

二十世紀最大の特色は、それが科学時代であるということです。科学は日に日に進歩を続け、止まるところを知りません。ひと昔前の夢物語もどんどん現実化しており、今やわれわれの生活のすべてが、科学によってゆり動かされているといっても過言ではないでしょう。

そのような背景を考えれば、学者や学生はもちろん、産業人も、セールスマンも、ジャーナリストも、家庭の主婦も、みんなが科学を知らなければ、時代の流れに逆らうことになるでしょう。

ブルーバックス発刊の意義と必然性はそこにあります。このシリーズは、読む人に科学的に物を考える習慣と、科学的に物を見る目を養っていただくことを最大の目標にしています。そのためには、単に原理や法則の解説に終始するのではなくて、政治や経済など、社会科学や人文科学にも関連させて、広い視野から問題を追究していきます。科学はむずかしいという先入観を改める表現と構成、それも類書にないブルーバックスの特色であると信じます。

一九六三年九月　　野間省一

ブルーバックス　物理学関係書（I）

79 相対性理論の世界　J・A・コールマン／中村誠太郎＝訳
563 電磁波とはなにか　後藤尚久
584 10歳からの相対性理論　都筑卓司
733 紙ヒコーキで知る飛行の原理　小林昭夫
911 電気とはなにか　室岡義広
1012 量子力学が語る世界像　和田純夫
1084 図解　わかる電子回路　加藤　肇／見城尚志／高橋　久
1128 原子爆弾　山田克哉
1150 音のなんでも小事典　日本音響学会＝編
1174 消えた反物質　小林　誠
1205 クォーク　第2版　南部陽一郎
1251 心は量子で語れるか　ロジャー・ペンローズ／A・シモニー／N・カートライト／S・ホーキング／中村和幸＝訳
1259 光と電気のからくり　山田克哉
1310 「場」とはなんだろう　竹内　薫
1380 四次元の世界（新装版）　都筑卓司
1383 高校数学でわかるマクスウェル方程式　竹内　淳
1384 マックスウェルの悪魔（新装版）　都筑卓司
1385 不確定性原理（新装版）　都筑卓司
1390 熱とはなんだろう　竹内　薫
1391 ミトコンドリア・ミステリー　林　純一
1394 ニュートリノ天体物理学入門　小柴昌俊
1415 量子力学のからくり　山田克哉
1444 超ひも理論とはなにか　竹内　薫
1452 流れのふしぎ　石綿良三／根本光正＝著／日本機械学会＝編
1469 量子コンピュータ　竹内繁樹
1470 高校数学でわかるシュレディンガー方程式　竹内　淳
1483 新しい物性物理　伊達宗行
1487 ホーキング　虚時間の宇宙　竹内　薫
1509 新しい高校物理の教科書　山本明利／左巻健男＝編著
1569 電磁気学のABC（新装版）　福島　肇
1583 熱力学で理解する化学反応のしくみ　平山令明
1591 発展コラム式　中学理科の教科書　第1分野（物理・化学）　滝川洋二＝編
1605 マンガ　物理に強くなる　関口知彦＝原作／鈴木みそ＝漫画
1620 高校数学でわかるボルツマンの原理　竹内　淳
1638 プリンキピアを読む　和田純夫
1642 新・物理学事典　大槻義彦／大場一郎＝編
1648 量子テレポーテーション　古澤　明
1657 高校数学でわかるフーリエ変換　竹内　淳
1675 量子重力理論とはなにか　竹内　薫
1697 インフレーション宇宙論　佐藤勝彦

ブルーバックス　物理学関係書（II）

ブルーバックス　物理学関係書(Ⅲ)

2061 科学者はなぜ神を信じるのか　三田一郎
2078 独楽の科学　山崎詩郎
2087 「超」入門　相対性理論　福江　淳
2090 はじめての量子化学　平山令明
2091 いやでも物理が面白くなる　新版　志村史夫
2096 2つの粒子で世界がわかる　森　弘之
2100 プリンシピア　自然哲学の数学的原理　第Ⅰ編　物体の運動　アイザック・ニュートン　中野猿人＝訳・注
2101 プリンシピア　自然哲学の数学的原理　第Ⅱ編　抵抗を及ぼす媒質内での物体の運動　アイザック・ニュートン　中野猿人＝訳・注
2102 プリンシピア　自然哲学の数学的原理　第Ⅲ編　世界体系　アイザック・ニュートン　中野猿人＝訳・注
2115 「ファインマン物理学」を読む　普及版　量子力学と相対性理論を中心として　竹内　薫
2124 時間はどこから来て、なぜ流れるのか？　吉田伸夫
2129 「ファインマン物理学」を読む　普及版　電磁気学を中心として　竹内　薫
2130 「ファインマン物理学」を読む　普及版　力学と熱力学を中心として　竹内　薫
2139 量子とはなんだろう　松浦　壮
2143 時間は逆戻りするのか　高水裕一
2162 トポロジカル物質とは何か　長谷川修司
2169 アインシュタイン方程式を読んだら「宇宙」が見えた　深川峻太郎
2183 早すぎた男　南部陽一郎物語　中嶋　彰
2193 思考実験　科学が生まれるとき　榛葉　豊
2194 宇宙を支配する「定数」　臼田　孝
2196 ゼロから学ぶ量子力学　竹内　薫